U0254538

全球地壳隆坳演化与海陆变迁论

康玉柱　康志宏　康志江　王纪伟　等编著

中国石化出版社

图书在版编目（CIP）数据

全球地壳隆坳演化与海陆变迁论 / 康玉柱等编著 . —北京：中国石化出版社，2020.8
ISBN 978-7-5114-5811-7

Ⅰ. ①全… Ⅱ. ①康… Ⅲ. ①地壳运动－研究②大陆漂移－研究 Ⅳ. ① P54

中国版本图书馆 CIP 数据核字（2020）第 133388 号

中国石化出版社出版发行
地址：北京市东城区安定门外大街 58 号
邮编：100011 电话：(010) 57512500
发行部电话：(010) 57512575
http：//www.sinopec-press.com
E-mail：press@sinopec.com
北京富泰印刷有限责任公司印刷
全国各地新华书店经销
*
787×1092 毫米 16 开本 7 印张 90 千字
2020 年 8 月第 1 版 2020 年 8 月第 1 次印刷
审图号：GS（2020）2376 号
定价：108.00 元

前　　言

近百年来，地质学家们在地球动力、地壳演变作用等方面开展了大量的研究工作，并形成了多个学派、多种理论或学说，如大陆漂移学说、板块学说等。笔者经过几十年的研究认为，全球地壳上共有七个大陆，即欧亚大陆、非洲大陆、北美大陆、南美大陆、印度大陆、南极大陆及澳大利亚大陆。地球形成几十亿年来，地壳覆盖在地球表面与地球成为一个完美的整体，从来没有与地球分开过，也不会分开、不可能分开。人类出现以来从未见到地壳裂开，只见到了在大陆地壳和海洋地壳局部发生过且以后还会发生的不同地区、不同方向、不同性质、不同规模大小的断裂、火山喷发及岩浆侵入活动。这些地质事件会引发强度不等的地震，也会由于局部地应力挤压或拉张作用造成局部地壳变形，如形成隆升造山或下沉坳陷等。

本文将从地球运动的起源、地壳沉积体系概述、全球地应力特征、主要构造运动、地壳变形样式、地壳隆坳演化及地壳海陆变迁等方面进行论述。不妥之处敬请批评指正。

目　　录

地球运动的起源

一、地球自转产生的影响

著名地质学家李四光先生早就指出地球自转速度变化是地球运动的重要动力。一个旋转物体的角动量是守恒的，一般用公式表示如下：

$$wI=C$$

式中，w 为旋转物体的角速度；I 为旋转物体绕其旋转轴的转动惯量；C 为常数。

当 I 发生变化时，w 必以反比例发生变化，即当 I 减小时，w 必然增大。当地球的质量向地球中心移动时，I 就必然减小。这种变化可能起源于几种不同的作用：①整个地球收缩（收缩论）；②在地壳上显现出来的大规模沉降（垂直运动论）；③在地球内部可能发生的重力分异运动和密度不等的熔岩的对流等。不管哪一种假设接近实际，只要这些作用中的任何一种，或在它的某一阶段，能够让地球的质量向它的中心收敛达到一定程度，地球的角速度也就会加快到一定程度，以致地球整体的形状不得不发生变化。在地球的表层或地壳的上层，当抗拒这种变化的强度小于地球内部时，特别是等地温面上升时，一定强度的水平力量就容易在地壳上层产生推动效果，以适应地球新形状的要求。很明显，这种作用所引起的力量是由于地球角速度加快而加大了离心力和重力的综合作用而产生的水平分力。这个水平分力恰恰符合地壳中某些部分水平运动的要求，特别是形成山字型构造的要求。

同时，地壳或者它的上层对它的基底固着的程度不一定是均匀的。假如地壳表层两个相毗连的部分不以同一步调随着地球的旋转加速前进的话，那么这两个部分之间就会发生指向东西的挤压或张裂。如果在东面的部分不像在西面的部分那样随着地球的旋转加快而变快，它们之间就会沿着南北向伸展的地带，在水平面上发生挤压和扭裂。如果在西面的部分不像在东面的部分那样随着地球的旋转加快而变快，它们之间就会沿着南北伸展的地带，在水平面上发生张裂和扭裂。在这种情况下，走向大致为北东和北西的两组裂面，由于地球角速度的变化，不仅走向为东西的构造体系和山字型的构造体系等可以伴随产生，而且走向南北的构造体系也可以随之产生。

根据角动量守恒的原则，当地球角速度变小时，绕其旋转轴的转动惯量就应该增大，即它的质量分布应该向外扩散，亦即它的体积胀大或密度较小的物质大规模向地球表面移动。关于地球转动惯量的变更引起角速度变化的看法，30余年前在中国和匈牙利（施密特）不约而同地被提出，这不是一种偶然。中国西南部及世界其他地区二叠纪时发育大量玄武岩流；自古近纪初期以来，在印度半岛就出露有面积约 $100 \times 10^4 km^2$ 以上的德干暗色岩；另外，在印度洋西部地区、大西洋北部许多地区、太平洋区广泛分布的基性岩流以及在各个大规模造山运动时代侵入地壳上部各种密度较大的火成岩床和岩体等，都是地壳以下或地壳下部密度较大的物质大规模上升的陈迹。

当地球中质量的分布发生变化，同时又不断受到潮汐作用的影响使地球的角速度变小时，地球的扁度就会过大，不能适应它自转速度的要求，因此，就可能发生走向东西和走向南北的断裂和褶皱。那么，地球的角速度是否发生过变化呢？古代日食的记录和近代若干天文家的观测对这一问题的答复是肯定的。他们大多认为地球的角速度有变慢的总趋势，另外也有人，如尤列保持相反的看法。实际上，历史记录证明，地球自转的速度是时慢时快的。在它的种种快慢变化中，有一种“不规则”的变快变慢。虽然在历史时期，这样不规则的变化程度不大，但是我们并没有利用这种历史时代的变化来衡量地质时代可能发生的变化。也就是说，我们没有理由排除这种可能，即在地质时代中，地球自转速度的变化累积起来，有时超过了地球表面形状还能保持平衡的临界值。因此，我们没有理由断定，地球质量在集中达到让地壳表层发动运动的临界状态以前，就会停止。

二、天体对地球的影响

地球的角速度改变和地壳中以及地壳下逐渐具备发动定向运动的条件的原因，可能来自与地球有密切联系的天体，特别是月球和太阳。就地壳定向运动的要求来看，一部分天体力学家，如大家所熟悉的泰勒、约理、李奇科夫等，都认为月球对地球所发生的潮汐作用是地壳上发生构造运动的总原因。关于太阳的活动可能影响地壳运动的设想，若干苏联天文学家和天文地质学家曾提出了论证。他们之中，埃根松认为太阳的活动影响地球的角速度，司那尔斯基认为太阳的活动与地球磁场的强度变化有关。司那尔斯基应用了磁场削弱时解脱了磁性的物质就会发热的假设和地球磁场变化的 11 年周期与太阳活动的 11 年周期相应的事实，他认为地壳中等温面的上升和下降不是使这个磁场强度发生变化的原因，而是结果。这一新颖的假设，提出了磁场强度的变化在地壳中怎样创造条件使构造运动成为可能。

三、地球自身内部的原因

地壳中广泛散布着放射性物质，这些放射性物质都不断地发热，在地表的温度大致不变，并且在岩石的传热率和地热梯度一定的条件下，地壳下部的温度就有逐渐增高的可能。约理抓住了这种可能性，得出了地壳下部的岩石大约每 3000 万年就会发生一次熔解的结论。施密特在他的《地壳起源论》一书中，关于放射性物质对地球热历史的重要性的研究有了更大的进展。还有许多地质学家，包括在早期应用矿物的放射性鉴定地球年龄的霍姆斯，在这一方面做了大量的工作。看来地壳中放射性元素的存在和它的热态是有密切关系的。可是，放射性元素在地壳各部分乃至地壳以下究竟如何分布，却是悬而未决的问题。单从若干类型岩石标本的放射性来断定放射性物质在地壳中和地壳以下的分布规律是不可靠的，正如克拉斯可夫斯基所指出的那样，过去在地球各处所测定的有关地球热态的各项数据，有很多是不可靠的。

在这种情况下，约理和其他地质家假定放射性元素在地壳中按一定规律分布所提出的等地温面变化的程度，都需要加以严密的检查和研究。这种作用，主要是为地壳定向运动创造条件。因此，地球内部温度差异可导致地壳局部运动。

四、地壳厚度和密度的差异形成的地应力

在地球自转的过程中，由于地壳厚度和密度的不同而形成了挤压和拉张应力，这一应力会造就出各种构造变形。在随地球自转的过程中，地壳厚度大和岩石密度大的地区会对地壳厚度薄和岩石密度小的地区产生挤压应力从而造成相应的变形。

五、地球圈层构造

地球系统内部的物质按重力分异，重的在下、轻的在上，构成了地球的圈层。各个圈层的厚度和密度如图 1–1、表 1–1 所示。地球圈层密度变化最大的有两处：一处在地幔和地核之间，密度相差一个数量级；更大的差异在大气圈和地壳之间，差三个数量级。下面将要讲到地幔与地核的分异、大气和大洋的产生是地球圈层形成过程中最为重大的变化。

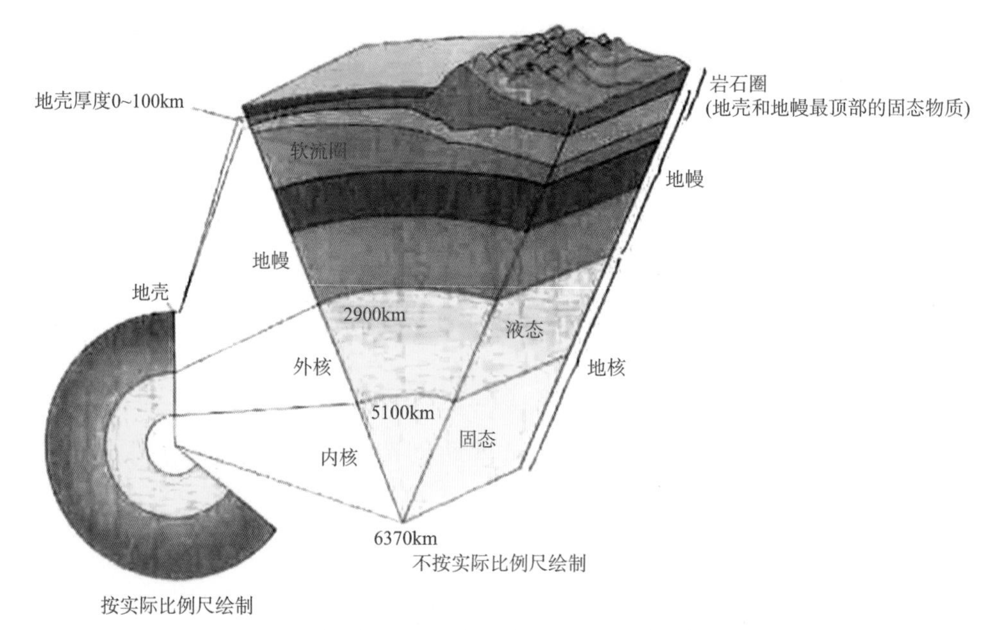

图 1–1 地球圈层构造图（据维基百科，修改）

表 1–1 地球各圈层的厚度和密度

项 目	内核	外核	地幔	地壳	水圈	大气圈
厚度 /km	1200	2300	2860	35	4	700
密度 /（g/cm^3）	12.6 ~ 16	9.7 ~ 12.2	3.3 ~ 5.7	2.7 ~ 2.9	4	$\leqslant 10^{-3}$

地球每个圈层的内部都有分层。地核主要由铁、镍元素组成，其密度高达 9.7 ~ 16g/cm^3，使得地球整体密度超过 5.5g/cm^3。成为太阳系里密度最大的行星。地核分内、外两部分，推测内核呈固态、外核呈液态，外核的温度在 4000℃以上，内核超过 5000℃，和太阳表面一样高。地幔由铁镁的硅酸盐组成，分上下两部分，上地幔厚 400km，下地幔厚 2200km，两者间有 300km 左右的过渡层。上地幔顶部和地壳合在一起组成板片参加板块运动，是地质学研究构造运动的对象，称为岩石圈，厚度在 100km 左右；在其下面厚 300km 的上地幔称作软流圈，呈塑性状态能够黏滞变形，与上覆的岩石圈不同。在地幔中段的过渡带，地震波速突然增大，这里也是最深震源之所在。下地幔压力增大、地震波速加快，底层受地核物质的直接影响，称为 D 层，在地幔循环中起着重要作用。人们比较熟悉的是地壳，玄武岩质的洋壳和花岗岩质的陆壳厚度、

结构都不相同（图 1–2）。洋壳在大洋中脊产生，上涌岩浆形成的玄武岩洋壳一边冷却一边向两边扩张，最后在断裂俯冲带隐没，返回地幔。

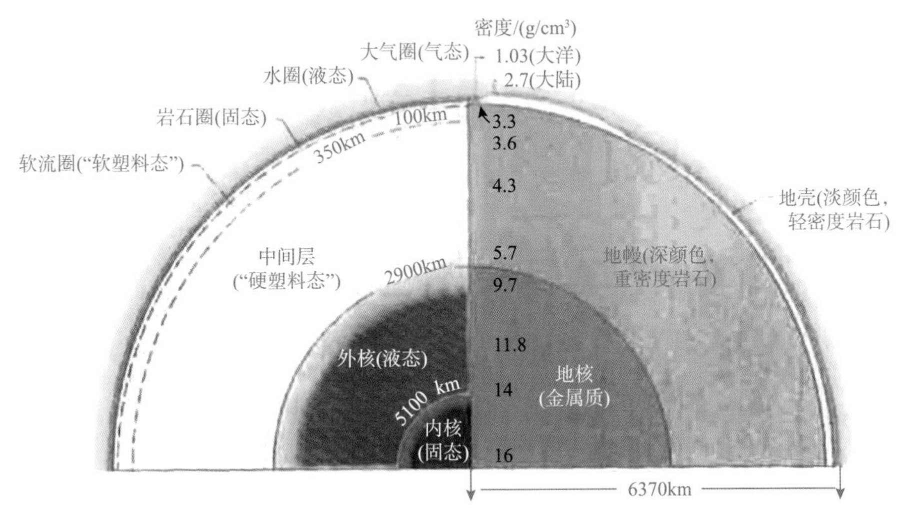

图 1–2 地球圈层的厚度和密度（据 https：//www.studyblue.com，修改）

1. 地球圈层的质量

粗略地说，地球的体积有 10000 多亿立方千米，质量将近 60 万亿亿吨，其中人类能直接接触的“表层系统”，所占的份额微乎其微。在这个尺度上，大气圈和水圈的质量太小，可以忽略不计。而“内圈层”中，论体积，地核占 16.2%，地幔占 83%，地壳还不到 1%；论质量，地核占 32.5%，地幔占 67%，而地壳所占不过 0.5%，无论按体积还是按质量计算，地幔都是地球的主体，越来越多的证据表明，地球表层许多变化的根源在于地幔。

2. 地球圈层的分异

地球化学的证据表明，地球圈层的分异发生在距今 44.5 亿年前后。不但铁质的地核，连挥发性成分组成的水圈、大气圈，也都在那时候从岩浆海里分异而来（Drake，2000）。地球最大的圈层是占其体积 84% 的地幔，地球系统两个最大的温度界限都在地幔：地幔顶部的岩石圈和地幔底部所谓的 D 层。因此，岩浆海发生的分异首先在于地幔的形成，而质量将近地球 1/3 的地核如何与地幔分离，是地球圈层分异的首要问题。

3. 地核、地幔和地壳的形成

地核和地幔的形成，实质上就是铁、镍、钴、锰一类的亲铁元素和硅、铝、镁、钙一类亲石元素的分异。分异之前的地球，化学成分应当和现在的碳质球粒陨石相近，与现在的地幔、地壳相比，亲铁元素与亲石元素的比例要高得多，Fe/Al 值高达 20。而现在的上地幔 Fe/Al 只有 2.7，到地壳则降到 0.6，因为亲铁元素集中到了地核里。

地球是在三千多万年的时间里，由大量的星子（即加积体）聚合而成的。然而每颗星子都同时含有铁和硅铝为代表的两类成分，这两类成分即便在地球内部的高温高压下，也还像油和水一样不能融合。星子带来的铁质究竟如何并入地球的核心，引起了学术界多年的争论。现在推断，原始的地球上部是岩浆海，内部却是固态，星子撞击并入地球，较轻的硅铝质留在上层，较重的金属“团滴”穿过熔融的硅酸盐层下降，停滞在地下约 400km 深处的岩浆海底部，聚集成一个金属“池”，等到这个金属层变为不稳定，再以大团滴的形式降向地心，这就形成了地核（图 1–3）。直到今天，人类对于地核与地幔都只有间接的了解，并不清楚这种分异会不会是个复杂而多次发生的过程。目前的理解是在忒伊亚（Theia）撞击后，促使停留在地幔中段的金属层突然下沉，引发了核幔分离的灾变，构成了地球发展历史上第一个最重要的改组事件。

地球内部的三大圈层地壳、地幔及地心，由于它们的组成成分不同，所以密度差别甚大，在地球自转的过程中，三个圈层之间的速度不同，故产生新地应力。

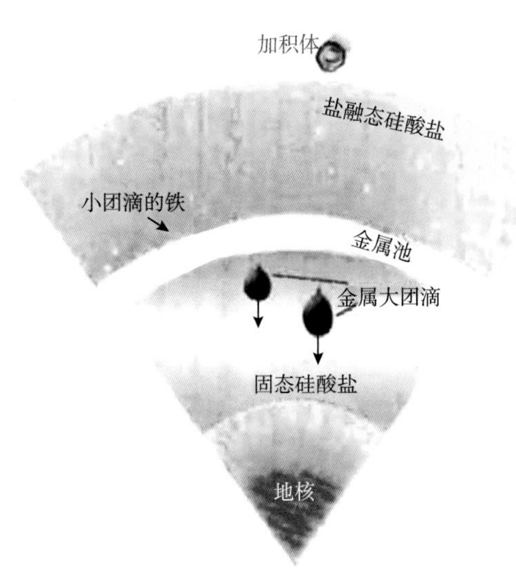

图 1–3　地核形成中亲铁成分的聚集（据 Wood 等，2006，修改）

地壳沉积体系概述

多年来，专家、学者们对全球的沉积特征做了大量的研究工作。笔者在前人研究的基础上，从古生代开始讨论全球沉积体系概况。

全球发育了三大沉积体系，即海相沉积体系、海陆交互相沉积体系及陆相沉积体系。但是，各大地块之间及地块内部、各时代、各盆地的沉积体系差别相对较大，十分复杂。由此，沉积体系特征只能宏观地概述如下。

一、寒武系—中奥陶统

元古代末到早寒武世，罗迪尼亚超大陆变迁，波罗地、西伯利亚大陆及劳伦大陆向北移动。波罗地和冈瓦纳大陆发育联合陆架及被动陆缘，因此，在劳伦、南极洲大陆及中国大陆和西伯利亚大陆上广泛发育海相碳酸盐台地，而碎屑岩分布相对局限。中—晚寒武世，西伯利亚大陆和劳伦大陆继续向北移动，局部的拉伸导致劳伦大陆被动陆缘上内陆架盆地发育。早奥陶世，全球大陆继续调整，导致沿劳伦西南陆缘和波罗地西北缘聚敛发生。寒武系—中奥陶统构成一个一级层序，包括5个二级层序。在早寒武世，晚元古代盛行的冰期气候逐渐向温气候过渡。中寒武世—中奥陶世潮湿气候广泛。

下寒武统发育缓坡型碳酸盐岩台地，由高能鲕粒浅滩、向陆低能潟湖及潮坪沉积、向海富有机质泥岩及泥灰岩构成。从中寒武世到中奥陶世，藻类、有孔虫及鲕粒碳酸盐岩台地发育。早中寒武世一级海平面上升导致海水广泛向克拉通内入侵，在劳伦大陆、西伯利亚、南极东部、澳大利亚和中国广泛发育海相碳酸盐岩台地。至中—晚寒武世，海平面上升引起了进一步的洪泛，结果在澳大利亚、中国、劳伦西亚和西伯利亚发育了广泛的碳酸盐岩台地，在南极东部、非洲和南美则发育了较小规模的联合台地。晚寒武世—早奥陶世，海平面下降，引起澳大利亚、南极东部、非洲和南美洲海相碳酸盐岩沉积的终止，且降低了中国、西伯利亚和劳伦西亚碳酸盐岩台地的规模，发育大规模的碎屑岩建造。而波罗地的碳酸盐岩台地发育始于晚寒武世—中奥陶世。同时，早—中奥陶世，在全球性海退及潮湿气候条件下，在西伯利亚、波罗地、中国和北美等地区的台地区内发育大规模蒸发岩沉积。

二、上奥陶统—志留系—泥盆系

晚奥陶世，波罗地、西伯利亚大陆及劳伦大陆的分离停止，而沿着劳伦大陆南、东缘及波罗地西北缘发生新的移动聚敛活动，发生块块重组，形成两个主要大陆；冈瓦纳大陆（从南极向赤道）和北盘古大陆（包括欧美大陆和西伯利亚地块）。该时期主要的构造活动还包括海西和加里东造山早期活动。

在早泥盆世，西伯利亚大陆沿着北美北缘与欧美大陆分离。同时，冈瓦纳大陆开始快速向欧美大陆南、东缘移动，结果在瑞克洋两岸形成俯冲陆缘。泥盆纪末，瑞克洋关闭，非洲、南美洲（包括冈瓦纳西北部）及欧美大陆相互碰撞造山，而被动陆缘沿北美西缘及维尔霍扬斯克分布。上奥陶统—上泥盆统指示古生代全球一级海平面上升早期，包括4个二级超层序。晚奥陶世—早志留世以冰冷气候为主，而志留纪和泥盆纪全球温暖气候盛行。

晚奥陶世，潮下泥粒、球粒颗粒白云岩发育。泥盆世，颗粒石灰岩、礁及台地内和潮坪白云岩发育。同时，晚志留世—泥盆纪，全球温暖气候为主，喀斯特化作用对储层孔渗改善作用强烈。晚奥陶世，全球范围内孤立地发育广阔克拉通的陆块（波罗地、西伯利亚、北美和冈瓦纳），形成了广泛的陆架系统，陆架内发育了内克拉通坳陷和盆地，尤其是在北美和西伯利亚。志留系碳酸盐岩主要发育在北美和西伯利亚，在波罗地北部和南冈瓦纳东部亦发育小规模的碳酸盐岩台地。早泥盆世，全球范围内碳酸盐产率降低及长期的海平面下降导致碳酸盐岩发育很局限，主要分布于加拿大北部、西伯利亚北部及美国东部和南部的狭长地带（二叠盆地）。中—晚泥盆世，全球大规模海进，生物礁台地繁盛。以孤立台地、多孔陆架边缘和含礁克拉通坳陷为特征的广阔碳酸盐岩主要堆积在于西加、临近东欧大陆的蒂曼—伯朝拉、伏尔加—乌拉尔、里海周缘及西伯利亚东南部。小规模的碳酸盐岩沉积发育在欧洲的中北部、澳大利亚的坎宁盆地、哈萨克斯坦南部、美国的东北部（阿帕拉契盆地）及加拿大的东南部地区。而从上奥陶统到上泥盆统，碎屑岩在全球范围内发育较局限。华北地台受加里东运动影响整体发生隆升，导致剥蚀发育。

三、下石炭统

在早石炭世，非洲、南美（包括冈瓦纳西北部）及欧美大陆相互聚敛，瑞克洋关闭。强烈的挤压不仅影响瑞克海槽的沉积，还控制着瑞克洋周缘克拉通边缘前陆盆地的发育。同时，残留中国大陆（包括华南、印度支那及华北）与东冈瓦纳发生裂陷作用并分离，冈瓦纳东北缘发育被动陆缘。而沿西西伯利亚和乌拉尔火山弧的俯冲边缘延伸通过滨里海和黑海之间，进入欧洲东、西伯利亚地台边缘发育强烈的前陆构造环境。

下石炭统由 14 个可全球对比的二级超层序组成。处于泥盆纪盛行的冰室气候向宾夕法尼亚纪的温室气候过渡期。受晚泥盆世弗拉斯—法门阶大规模生物生物灭绝事件影响，密西西比碳酸盐岩台地基本上无礁体存在。

受晚泥盆世生物灭绝事件及全球性清凉的气候控制，下石炭统碳酸盐岩沉积主要分布于低纬度地区，尤其是南半球。在前陆构造背景下，碳酸盐岩主要发育在南英格兰，海西裂陷槽、阿拉斯加北斜坡、维尔霍扬斯克及西伯利亚北部。而碳酸盐岩与硅质碎屑岩混合堆积在哈萨克斯坦、华南大陆、南欧及北非发育。早石炭世，浅水碳酸盐岩广泛发育，但油气藏主要发育于北美克拉通和乌拉尔前陆坳陷带。早石炭世的快速海平面上升导致克拉通陆架区的广泛海侵，发育高丰度的烃源岩。此外，在这些前陆盆地中发育广泛的磨拉石及陆相河湖碎屑岩建造。油气藏规模的大小往往反映了前陆构造环境的不同控制作用。

四、上石炭统—下二叠统

该期，大陆聚敛和碰撞导致盘古超大陆形成。西冈瓦纳和劳亚大陆碰撞拼接，强烈的挤压导致沿北美东、南部发生大规模逆冲和岩浆活动。随着古特提斯洋的扩大和瑞克洋的关闭，华力西期褶皱带和磨拉石盆地在欧洲发育。同时，哈萨克斯坦和西伯利亚克拉通地块向北，沿着乌拉尔与东欧板块碰撞缝合。二叠纪早期，华北克拉通与塔里木地块、劳亚大陆碰撞，而伊朗、羌塘、马来西亚及印度尼西亚地块与澳大利亚分裂，新特提斯洋开始孕育而古特提斯洋开始关闭。一系列前陆盆地沿着伏尔加—乌拉尔、海西、哈萨克斯坦—西伯利亚褶皱带发育。上石炭统—下二叠统包括 5 个二级超层序。

世界级的上石炭统—下二叠统储集层包括浅水颗粒石灰岩和叶状藻生物建造石灰岩，储层的质量往往取决于古气候。潮湿的气候条件导致不稳定碳酸盐岩矿物选择性溶解，产生次级孔隙。硅质碎屑岩建造在宾夕法尼亚期—早二叠世亦很发育，包括浅海、风成及侵蚀谷充填、三角洲、盆地扇沉积，如华北板块发育丰富陆表海沉积，导致大规模的煤岩发育。

上石炭统—下二叠统，沿着克拉通边缘常常发育较大的镶嵌型碳酸盐台地，而较小的镶嵌型台地和孤立台地主要在克拉通盆内地发育。此外，盆地内普遍发育腐泥质泥页岩、硅质碎屑岩及蒸发岩。大部分已知的碳酸盐岩油气藏分布于美国中部和西南部、伏尔加—乌拉尔和华南。

活跃的构造环境有利于构造或构造—地层复合油藏圈闭发育。

五、中—上二叠统

中—晚二叠世全球构造活动相对减弱。沿着石炭纪和早二叠世盘古超大陆拼接产生的聚敛和碰撞边界发育的前陆盆地在该时期开始填充。环东太平洋洋—陆碰撞，导致一系列弧后前陆盆地沿着南北美大陆西部安第斯山前缘发育。古特提斯洋向北俯冲消减于欧亚大陆内部，一系列前渊坳陷随之产生。而伴随着基里米大陆和中国陆块向北或北东与澳大利亚、印度、阿拉伯及非洲板块在早二叠世分离，新特提斯洋开始发育，同时形成阿拉伯内陆架盆地。三叠系可划分为两个二级超层序，分别为盘古大陆碰撞拼接（宾夕法尼亚期或早二叠世）及碰撞后构造事件（中晚二叠世）。至中二叠世，晚石炭世盛行的冰室气候开始减弱，并快速向温室气候过渡。此时，泛大陆拼接产生造山带对全球性气候产生很大影响。因此，二叠纪陆相或是边缘海沉积均由红层、风成岩、潮坪白云岩及蒸发岩构成，说明了全球广布的干旱—半干旱气候条件。如横贯赤道的海西 / 阿帕拉契亚山脉阻挡了来自亚热带的向东的信风，产生了热带的多雨气候。因此，二叠纪大多数碳酸盐岩台地发育在边缘海盆或内海盆。

在二叠纪，碳酸盐岩台地和碳酸盐岩—硅质碎屑岩混合沉积体系主要发育在南北纬 50° ，尤其是特提斯域。具体的碳酸盐岩台地发育区包括巴伦支海、北西格陵兰、阿拉斯加北部斜坡、伏尔加—乌拉尔、北美西部古陆缘盆地、伊朗基里米陆块、羌塘、马来西亚、印尼、印度支那及华南微地体。受先前前陆地貌特征控制，在狭窄的前陆边缘发育塔礁和线礁。同时，盘古大陆拼接产生的造山带控制全球气候变化和造山后盆地的沉降和沉积，结果位于热带的盆地变得很局限，主要发育厚层蒸发岩、大规模白云岩及其随后的喀斯特化作用。晚二叠世，碳酸盐岩沉积体系逐渐减小，大规模的碎屑岩建造逐渐发育。

六、三叠系—下侏罗统

在早三叠世，盘古超大陆开始解体。尽管大陆分离直到侏罗纪才发生，但许多陆内盆地和坳拉槽发育。伴随着新特提斯洋的逐渐扩张，古特提斯洋在缩小，华南大陆和华北大陆的碰撞接合发生。早侏罗世，沿着新特提斯洋北部发生一系列的碰撞事件，导致古特提斯洋关闭，同时，新特提斯洋由中部扩张过渡为南部发生裂谷。大规模海侵向许多内陆坳拉槽和裂陷盆地进行。

三叠系和早侏罗统构成了一个一级巨层序，对应一个相对对称的一级海平面升降周期。包括 2 个二级层序和 18 个三级层序（三叠系 12 个，下侏罗统 6 个）。继晚古生代冰室气候后，在三叠纪温室气候逐渐盛行。

下—中三叠统碳酸盐岩台地发育于新特提斯洋和古特提斯洋的西缘（阿拉伯、欧洲中南部、里海和黑海之间的地区）以及古特提斯洋的东缘（华南、印度支那、马来西亚和印尼），在西加和北美西边的孤立和联合的大陆碎块，沉积了混合的碳酸盐岩和碎屑岩。下—中三叠统碳酸盐岩油气藏分布于阿拉伯内陆架盆地、欧洲南部的孤立台地及漂移离散的特提斯陆块。而晚三叠世，在新特提斯西缘和南缘主要发育碳酸盐岩台地，同时在新特提斯南缘和加拿大西部和北部发育碳酸盐岩和碎屑岩混合建造。此时，在中国陆块，大规模的碎屑岩沉积已经代替了碳酸盐岩台地。早侏罗世，受三叠纪末灭绝事件影响，格架碎屑的缺失和泥质的富集使得碳酸盐岩在该时期发育较局限，但是泥质岩相可在局部区域发育，提供较好的源岩。同时在北美洲、南美洲及非洲间，伴随着陆内裂谷及坳拉槽的发育。大规模河湖及三角洲碎屑岩堆积。

七、中侏罗统—下白垩统

在侏罗纪，中大西洋和墨西哥湾地区发生新的洋底扩张，印度、澳大利亚西南部和南极大陆之间的陆内裂陷作用也开始活跃。同时，沿着北非的一系列复杂的裂谷和海底扩张作用在西“特提斯湾”产生多个小地块。古特提斯洋在中侏罗世关闭。此外，科迪勒拉火山弧前缘拉腊米造山带也开始活动。在晚侏罗世—早白垩世，在超大陆解体、陆块漂移的全球构造背景下，全球板块开始重新调整。

中侏罗统包括一个一级海平面升降旋回，4个一定程度上可全球对比的二级海平面升降周期。晚侏罗世海平面下降导致大规模的碎屑岩发育，同时，蒸发岩大范围堆积，尤其是环特提斯地区。受南极洲和纳米比亚岩浆活动的强烈影响，中—晚侏罗世，温室气候盛行，晚侏罗世—早白垩世，气候逐渐变得清凉和干旱。事实上，气候分带在白垩系很明显，这就是为什么高纬度地区煤岩的富集原因。

中侏罗世，在狭窄的裂陷的陆缘中（包括大西洋、墨西哥湾南部及新特提斯域地块）和宽阔的被动陆缘（包括印度、马达加斯加、阿拉伯及“西特提斯湾”）发育联合碳酸盐岩台地。同时，在南美西部、羌塘、特提斯西北部及印尼地区也有碳酸盐岩台地发育。晚侏罗世，在墨西哥湾、南美洲、北非及特提斯南缘等主要的被动陆缘环境发育碳酸盐岩台地，而在特提斯西北部发育受构造控制的孤立台地。在侏罗纪，高纬度地区潮湿的气候使煤岩富集。晚侏罗世，海平面下降，炎热的气候亦使得蒸发岩大范围堆积。

八、白垩系

在白垩纪，盘古超大陆解体，海地扩张和板块漂移活动强烈。伴随着中大西洋的扩张，非洲大陆与南美大陆分离，同时欧洲大陆、格陵兰也与北美大陆撕裂。早白垩世，印度地块、澳大利亚地块、非洲地块与南极洲大陆的分离，加速了新特提斯洋的关闭。

全球一级海平面在白垩纪继续上升，在土仑期达到最大海泛面。白垩系包括3个主要的二级层序。海底扩张和火山活动的加剧并伴随着持续海侵，使得三叠纪和侏罗纪时期的温室气候在白垩纪继承性发育并进一步加剧。

主要是早—中白垩世碳酸盐岩分布于墨西哥湾、南美洲西北部和北部陆架、新特提斯洋周缘、特提斯洋北缘、阿拉伯地台及大西洋两岸陆架局部。此外，在澳大利亚新几内亚及印度北部被动陆缘发育小的碳酸盐岩台地。伴随着海平面持续上升，上述部分地区在晚白垩世发育小的碳酸盐岩台地；而在阿拉伯台地、印度北缘及“特提斯湾”（包括地中海区、欧亚南部、北非大陆边缘）南缘，碳酸盐岩向陆发育；在墨西哥湾、特提斯洋北缘及大西洋海岸，碳酸盐岩台地退缩或被淹没。此时，远洋沉积在欧洲北西海岸、北海、墨西哥湾北缘及北美西海岸局部地区普遍发育。事实上，碳酸盐岩的发育分布特征是与区域或局部构造环境密不可分的，如拉拉米造山运动一定程度上控制了黄金巷地区大油田的发育。同时，受拉张的构造环境、炎热古气候及全球海平面持续上升的综合影响，白垩系的碎屑岩建造发育及分布表现得很复杂。

九、第三系

在第三纪，中生代活跃的断陷和离散作用逐渐向聚敛过渡，朝下一个超级大陆演化。在挤压性岛弧和前陆背景下，许多张性盆地在局部地区产生，如弧后前陆盆地。在这些盆地中，大面积的河湖相沉积体系广布，古近系深湖—半深湖相泥质和煤质烃源岩常常填充在地堑—半地堑型坳陷中。此外，白垩纪时期活跃的拉伸离散作用继承性发展。如中南大西洋继续扩张，被动陆缘发育。在红海地区，裂陷作用在古近纪幕式活动，新近纪开始，红海渐变成海盆。

在经历了晚白垩世最大海泛后，全球一级海平面在第三纪开始下降。第三系包括5个主要的二级层序。白垩纪的全球性温室气候在早古近纪继承性活跃并达到顶峰。但伴随着海平面逐渐下降及大陆聚敛隆升，在新近纪时以冰冷气候为特征。

古近系碳酸盐岩台地主要分布于尤卡坦半岛和佛罗里达半岛的墨西哥湾、北非海岸、阿拉伯半岛。在西非海岸、南非和马达加斯加岛地区亦有狭窄的开阔陆棚碳酸盐岩沉积发育。在巴布亚新几内亚及澳大利亚西北被动陆缘地区也有相当可观的碳酸盐岩分布。此外，在南欧和地中海前陆地区发育一些小的孤立碳酸盐岩台地。在新近系，在构造活跃的陆块上常常发育联合镶嵌型碳酸盐岩台地。开阔陆棚相碳酸盐岩沉积主要分布在澳大利亚西北和北部被动陆缘及加勒比海地区，而缓坡型台地发育在澳大利亚南部海岸。此外，在东南亚活动陆缘地区出现了孤立的礁台地。

同时，在全球这种离散—聚敛的过渡构造背景及温期—冰期的过渡气候条件下，大规模的陆相河流、湖泊及三角洲和深海相及重力流等碎屑岩建造广泛发育，沉积相和岩相特征复杂多变。

第三章

全球地壳应力特征

现今地壳应力的全球数据（应力的大小和方向）已与世界水准面的变化图、世界重力图和世界热流图同等重要。若把全球各大陆的应力数据和运动数据结合起来，就会使我们更好地了解和模拟驱动构造运动的动力过程。

一、全球地壳应力状态

1975年，Panall和Chanden发表了第一张全球应力方向图，该图共包括59个应力解除测量资料。1979年，Richardson等发表了一张世界应力图，其中共有约133个点的资料，主要根据由震源机制推导的应力，还增补了一些地表套心资料。为了将已有的和计划得到的所有反映构造应力的资料汇总起来，并根据主应力相对大小及其方向表示在平面图上，从1986年开始，国际岩石圈计划（JLP）实行的第二个五年计划中增加了世界应力图项目。该项目的主席是美国的Mary Lou Zulack博士，项目有16个国家的30多位科学家参加。

世界应力图项目已收集到7328个原地应力方向数据，其中4413个有可靠的构造应力标志，记录水平应力方向的偏差 $<\pm 25°$（Zoback，1992）。原地应力测量结果与上部1~2km所做的地质观察结果有很好的一致性。钻孔崩落资料可反映1~4km深度的应力状态，某些情况下可深达5~6km。由震源机制解所得的结果可延伸到大约20km的深度。上部脆性岩石圈的厚度大约为20~25km。在这个厚度值的20~200倍范围内的大尺度均一区域应力场称之为1阶应力场。2阶应力图像的典型波长范围是上部脆性岩石圈厚度的5~10倍以上。这里主要讨论1阶应力图像。

根据显示1阶应力状态的世界应力图（表3–1），Zoback（1989、1992）得出如下几点认识：

表 3–1 全球的 1 阶应力图像（据 Zoback，1992）

地　区	S_{Hmax} 或 S_{Hmin} 主向	应力状态
北美板块		
板块中部地区	ENE	T/SS
科迪勒拉西部	应力状态过于复杂	
中美洲和阿拉斯加	超出讨论范围	
南美板块		T/SS
大陆地区	E	
安第斯高海拔区	N	NF
欧亚板块		
西欧	NW	SS
中国 / 东亚	N—E	SS
西藏高原	WNW	NF
非洲板块		
东非裂谷	NW	NF
板块中部（西非和南非）	E	SS
北非	N—NW	T/SS
印度—澳大利亚板块		
印度	N—NE	T/SS
中印度洋	N—NW	T/SS
西印度洋	N—NW	NF
中澳大利亚和西北大陆架	N—NE	TF
澳大利亚南海沿海	E	TF
太平洋板块		
年轻地壳（<70km）	NE	SS
较老地壳（>70km）	NW?	T/SS
南极板块		
板块中部	?	?
西南极裂谷	E—NE	NF

注：NF—正断层运动应力状态；SS—走滑断层运动应力状态；TF—逆冲断层运动应力状态；T/SS—逆冲和走滑运动应力状态。

（1）全球大多数地方整个上部脆性地壳存在均一的应力场。

（2）大多数大陆的中部以挤压应力为主（逆冲和走滑状态），最大主应力是水平的。

（3）大陆和海洋的高海拔区是拉伸应力区（正断层运动应力状态），最大主应力一般是垂直的。

（4）应力方向和应力相对大小的区域一致性可确定大尺度的区域应力分区，这些分区大都与地文区，特别是构造活动区一致。

存在均一的 S_{Hmax} 方向的地区，如北美东部、加拿大盆地西部、中加利福尼亚、安第斯山区、西欧、爱琴海和中国东北。全球各板块主要地区的应力取向列于表 3–1。

表 3–1 显示的 1 阶应力图像提供了作用于岩石圈的各种大尺度应力源的相对重要性：

（1）大陆中部压应力场的方向大部分是施加在大陆边界上的压应力（由洋脊挤压和大陆碰撞引起）作用的结果，大多受大陆边界形状的控制。

（2）高海拔地区由浮力引起的水平张应力是 2 阶应力场，常常与特殊的地质或构造特征有联系，对由大陆边界力造成的大陆中部的压缩有扰动或局部控制作用。

（3）只用应力方向资料难以估计拖曳力的影响。

在一些大陆的中部，S_{Hmax} 方向和大陆绝对运动方向之间存在明显的相关性。北美大陆中部（包括美国中部和东部大部分地区、加拿大的大部分地区，可能还有大西洋盆地西部）和南美大陆，这两个运动速度最快的大陆的 S_{Hmax} 方向与绝对运动方向之间存在着显著的正相关。在西欧，除爱琴海地区外，S_{Hmax} 方向与绝对运动方向间的关系较为理想，这种相关性表现为 S_{Hmax}、方向相对于绝对运动方向有一顺时针旋转，即观测的 S_{Hmax} 方向相对 WNW 方向的绝对速度场更偏北些。太平洋大陆内 S_{Hmax} 的方向与大陆绝对运动方向之间的关系显得较不明显。亚洲东部的应力图像受欧亚与印度—澳大利亚大陆碰撞的强烈影响。在喜马拉雅碰撞带内，S_{Hmax} 方向一般为 NS 向，几乎平行于欧亚大陆的绝对运动方向和欧亚与印度—澳大利亚大陆之间的相对（收敛）运动方向。然而，在中

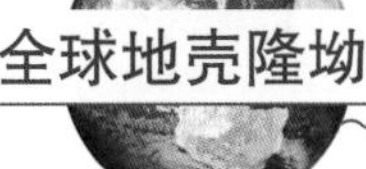

国东部，S_{Hmax} 的轨迹形成一准辐射的图像，与大陆的绝对和相对运动方向斜交（Zoback，1989）。

Richardson（1992）用洋脊推力（图 3-1）来解释大陆内应力与大陆绝对运动方向间的一致性，并论证了洋脊推力在陆内变形，特别是在形成大区域均一应力方向中的主要作用。洋脊转矩与大陆绝对运动方向的比较表明，太平洋、科科斯、北美和南美、阿拉伯以及印度—澳大利亚等大陆，这两个方向之间存在极为明显的相关关系。

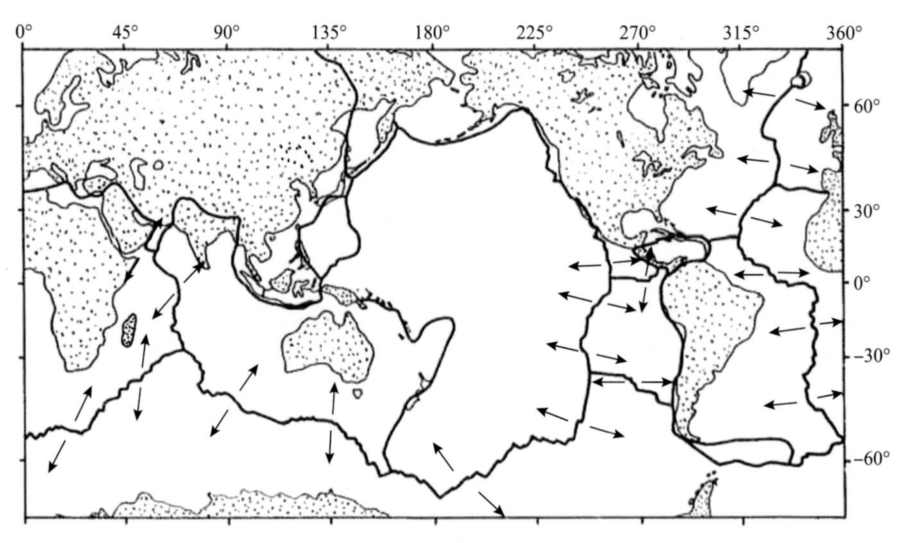

图 3-1　洋脊和洋脊推力的方向（据 Richardson，1992）

二、中国地壳应力状态

中国的地壳应力状态研究，特别是原地应力测量工作，是在李四光教授的倡导下于 20 世纪 60 年代初期发展起来的，目前已在地震、地质、冶金、煤炭、石油和水电等部门得到了广泛的应用。根据原地应力测量、震源机制解、地形变测量、断层微量位移测量和地震形变带的调查，可归纳出中国地壳应力状态的下述基本特征（曾秋生，1990）。

1. 现今地壳应力以水平方向占优势

其主要证据如下：

（1）20 世纪 20 年代以来产生的一系列主要地震断层，其水平错动量普遍大于垂直错动量，尤以 1920 年的海原地震、1931 年的富蕴地震和 1973 年的炉霍地震的地震断层更为显著，其水平错距约为垂直错距的 5~12 倍。

（2）断层微量位移测量的结果反映出中国大陆西部和华北地区一些主要活动断裂的水平活动量都较大，为垂直活动量的若干倍。

（3）原地应力测量的结果也表明，中国地壳内存在着强大的水平应力，尤其是控制西南、西北和华北大地震活动的应力，都是水平分量占优势。

（4）震源机制解结果证明，中国大多数震源都以平推错动为主，最大主压应力方向是近乎水平的。

2. 现今地壳应力随深度而变

中国现今地壳应力活动随深度的变化特征如下：

（1）最大主应力和剪应力值随深度的增加而增大，但所处地区或构造部位的不同，变化速率相差很大。

（2）平均水平主应力和垂直主应力的比值随深度增加而减小。

（3）最大主应力的方向随深度变化不大。

3. 现今地壳应力状态存在分区性

中国现今地壳应力状态具有明显的分区性，可分为以下几点：

（1）西部地区包括新疆、西藏和甘、青、川的西部，是持续遭受近南北向压应力作用的地区。

（2）东部地区包括东北、华北、华南和中南地区。现今构造应力状

态总体近东西向，但还存在次一级的分区性。华北—东北地区最大主应力方向为北东东—近东西向；华南地区以北西西向占优势。

（3）甘、青、川、滇的东部地区。该区是东、西部过渡区。原地应力测量结果表明，主压应力方向为近东西向。地震形变带和跨断层的基线测量资料反映出该区断裂的活动方式是东西向挤压作用。6级以上地震的P轴方位也是近东西向的。

中国大陆东部和西部的现今地壳应力活动强度也明显不同，西部应力活动强度大，东部应力活动强度小。

中国现今地壳应力状态的格局基本上是新第三纪以来构造应力场的延续。中国周边板块的相互作用对中国应力场有明显影响。但是，哪个板块对中国应力场有影响以及在各板块边界上的作用是挤压还是拉张仍有争论。时振梁等（1982）、邓起东等（1979）、Shi-mazaki（1984）分析了地震分布、地震断层面解和地质资料，认为印度板块、太平洋大陆及菲律宾海大陆对中国大陆的挤压是中国应力场的主要来源；Molnar和Tapponnier（1977）在研究了中国及东南亚的构造运动之后指出，动力来源主要是印度大陆与欧亚大陆的碰撞，而太平洋大陆、菲律宾海大陆与欧亚大陆的相互作用对中国的构造运动没有什么影响。还有人指出，东亚的应力场主要是由地幔对流引起的（Liu，1971；黄培华和傅容珊，1983）。对中国应力场的模拟结果（汪素云和陈培善，1980；俞言祥等，1989）表明，大陆边界力及地幔对流形成的拖曳力均起作用，而边界力则起主导作用。

最近，臧绍先等（1989、1992）利用地震资料结合地质资料讨论了这个问题，提出了下述认识：太平洋大陆沿日本海沟底俯冲于欧亚大陆之下，与欧亚大陆耦合较好，对中国东北产生了挤压作用。挤压方向在日本海沟附近大约为N85°W，对中国应力场产生影响的主要地区在35°N～42.5°N之间。菲律宾海大陆俯冲于琉球岛弧之下，两大陆耦合不好，由于冲绳海槽扩张，所以对中国华北没有造成挤压作用。菲律宾海大陆在 21.5°N ~ 24.2°N 之间的 121.8°E 附近与欧亚大陆碰撞，在台湾及东南沿海形成较强的 NWW 向挤压作用，但影响有限。自 22.9°N 以南，南海大陆俯冲于菲律宾海大陆之下，使菲律宾海大陆没有造成对南海的挤压。印度大陆在喜马拉雅山地区与欧亚大陆碰撞，形成 NNE 向的主压应力场，这是中国应力场的主要动力来源。该碰撞带的西翼，可能是新的会聚带，主压应力轴垂直于地震带的走向；东翼，在 26.5°N、97°E，两板块边界产生突然转折，形成了 20°N ~ 26.5°N 间的缅甸山弧俯冲带，引起 NE—NNE 方向的挤压作用，但这种挤压作用存在于横断山以西，在横断山以东主压应力方向为 SSE—NNW。印度大陆还造成中国大陆东南及南海的 NW 及 NNW 主压应力场，再往南压力轴方向更近于 NS 向。

许忠淮等（1992）根据 5054 次小震（1 ≤ ML<5）的 9621 个 P 波初动方向数据推断的中国大陆构造应力场所呈现的特征与臧绍先等的结果基本类似，但与世界应力图显得更为协调（图 3-2）。整个中国大陆最大和最小主压应力轴皆以水平方向占优势，显示出地震构造变形主要是由走滑断层活动产生的。主应力方向呈现相当规则的放射状图像，即最大水平压应力轨迹从西藏高原向中国大陆的北方、东方和东南方放射，而最小水平压应力方向则位于从西藏高原向外突出的弧线上。这一总体图像说明，控制中国大陆构造活动和地震的应力场主要不是由内部的局部原因所激发的，而是与周围板块的运动有着密切的联系。例外情况是华北有些地区，如汾渭地堑南段、苏北和辽西北，最大主压应力轴直立；而西部的有些地区，如西藏高原的东北边缘附近和天山地区，最小主压应力轴直立。在喜马拉雅弧东端，平均 T 轴轨迹线呈弧形向阿萨姆南部会聚，这说明印缅弧边界在控制我国西南部应力场方面起着重要作用。

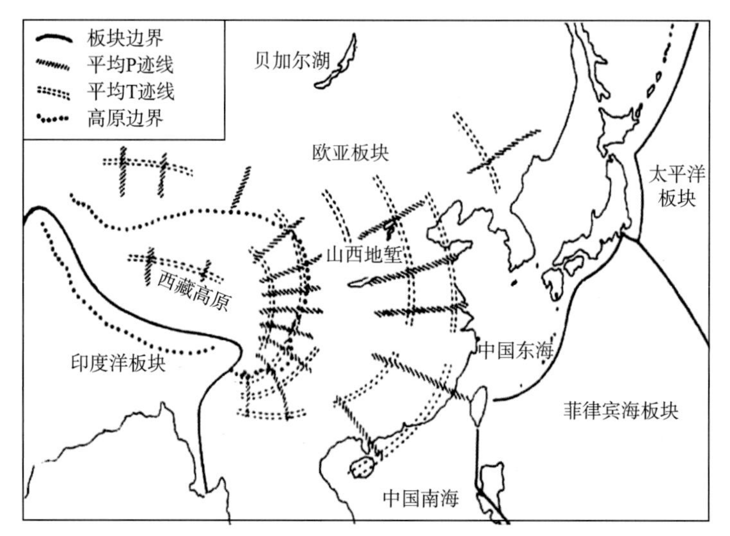

图 3-2　根据震源机制资料推断的最大和最小水平应力轨迹（据许忠淮等，1992）

三、地壳应力状态与地震的关系

地震过程是一个力学过程。地震的发生、分布、活动水平、破裂方式以及宏观地震形变带特征等，都与不同的地壳应力状态有着十分密切的关系。但是，这种关系极为错综复杂，迄今为止仅有一些经验性的认识。用地应力测量值的变化来预报地震的工作国内外都还在进一步探讨，也还没有得出可用于预报的可靠判据。

地震活动和原地应力测量结果表明，无论中国还是全球的大地震，主要都发生在水平或近水平的构造应力占优势的构造活动区内，而在水平应力与垂直应力相当或垂直应力大于水平应力的地区，地震活动的频度低、强度也小（曾秋生，1990）。中国西部和华北地区大地震发生与分布的活动构造带以及环太平洋地震构造带上的应力活动，都以水平分量占优势；中国的中南地区、俄罗斯的乌拉尔、印度和澳洲大陆这些地震频度低且强度也小的地区，地壳应力的水平分量与垂直分量十分接近，甚至是垂直应力大于水平应力。

一定地区的地震活动水平与该区构造应力活动的强度也有密切关

系。我国大陆西部地区的构造应力活动强度比东部地区高 5~6 倍，西部地区的地震活动水平明显高于东部地区。中国大陆其他一些多震地区内地震活动时强时弱的特征，也都是相应地区构造应力活动强度随时间变化的具体反映。

对唐山大地震前后震源及其附近地区地应力状态的观测分析表明，大地震前后地应力有明显变化。在唐山大地震之前的 1968~1971 年间，昌黎台站和陡河台站的小震 P 波初动符号在投影球面上呈现无规律的零散分布状态，表明唐山—滦县地区此期间还未表现出某种优势应力的增强取向，可以认为是处在长期稳定的应力背景下；1972~1976 年 6 月，应力呈优势分布，形成以水平应力作用为主，表现为东西受挤压、南北受引张的统一力场。随着主震和强余震能量的释放，该区应力场的优势程度明显削弱（华祥文，1990）。唐山地震前，地震主断裂附近的陡河台站和赵各庄台站都观测到垂直于该断裂方向的张性跳动。根据地震前跨该断裂的水准观测数据，认为这是地壳沿该断裂的局部突起使地表附近沿该方向出现张性裂隙的反映（邱泽华等，1992）。

四、地震发生原因及后果

李四光教授曾说过："关键之点在于，震动之所以发生，可以肯定是由于地下岩层在一定的部位突然破裂，岩层之所以破裂又必然有一股力量（机械的力量）在那里不断加强，直到超过了岩层的对抗强度，而那股力量的加强，又必然有个积累的过程，问题就在这里。"。

一年中人们可以感觉到的地震约有 5 万次。一次大地震的余震约几十次至上百次。据观测，我国河北冲积平原沉降过程过于缓慢，平均每年沉降约 1mm。而河北邢台在 1966 年发生强烈地震，国家测绘总局测量的结果表明由地震产生的断裂带与极震区范围相吻合。由地震产生的北北东向断裂带，其沉降幅度是 315~714mm，邻近上升最大幅度只有

40~72mm。1976年7月28日凌晨，河北唐山又发生7.8级大地震，其沉降幅度更大些，几乎一片陷落成为废墟。1885年靠近意大利的亚得里亚海发生海震，引起了海底深度200~3000m的变动。马丁尼克岛培雷火山喷发时，就看到过海中邻近部位的深度增加了好几百米。日本的喀拉喀托岛经三、四次火山喷发后，很快就沉没在海里了。从上述具体实例的情况分析，强大的地应力深度的岩石承受了越来越大的压力作用，当超过了该部位岩石抗压强度的极限时，就突然发生断裂而形成地震，这是很自然的事。

同样的道理，面积巨大的大洋盆地，随着沉降重心部位断下沉降，到了晚期，使较深部至深部的岩石基底从初始为岩石下部的微小张开，随着强力沉降过程的突然大破裂而形成了强烈或大海震。这样，岩石圈下面的“软流层”热能、气、液和玄武岩浆，就大规模沿断裂侵入，上升力涌出海洋底，由于张性大破裂压力差较小的关系，不向空中喷发物质，呈现温柔的特点。在此，该断裂活动岩浆带由原来沉降阶段逐渐转为返回阶段。随着强力演化，岩浆活动先是以基性为主，后以中性为主，再后以酸性为主。岩浆侵入和喷发规模则逐渐增强，形成雄伟的大山系，并使邻近的大洋盆地、深水平原直至大陆沿岸的许多地方发生沉降，变为深海洋和深海的面积比例在增加。如大洋盆地、深水平原、海湾利海沟，是地球表部的主要沉降区域；而大陆盆地、湖泊沼泽地、冲积平原、河流下游三角洲等，属缓慢次级深降。但值得注意的是，地球上沉降的地方占古地球表面积很大，大约为四分之三。

在高原、高山地区发生的地震，地应力对上升的地方产生强力挤压、一定程度的水平位移、上升和逆冲作用。如2008年5月12日，我国四川汶川发生8.0级的大地震，是印度陆块向亚洲陆块挤压应力作用的结果，未出现陆块分离。

1970年云南地震时，一条长达60km的北西向断裂发生了显著的水平位移，野外见到的最大水平位移距离为2.2m，垂直位移只几十厘米。

又如，2015 年 4 月 25 日，尼泊尔发生 8.1 级大地震，震源深度是地下 15km。由于受印度洋的大洋盆地和沿岸附近的孟加拉湾、阿拉伯海等北向挤压作用，使尼泊尔和喜马拉雅山地带处强烈挤压、上升和逆冲状态。在这次大地震中，一块大约 120km 长、60km 宽的地壳，向南移动了约 3m，断裂与地面的夹角只有 10° ，导致该地区的地壳总体有所收缩。但值得注意的是，一般在高原和高山地带的悬空部位，裂口几乎都是上大下小的张裂状态。在较晚期，因受上升力矩和水平力矩的强烈作用，可产生悬空较大的张性裂陷带，经地震、岩浆侵入和火山喷发作用，又可逐渐转变为属沉降区域的内海，如地中海和红海，还可进一步往海洋方向发展。

各大陆块是不会移动的。地球岩石圈分为六个大陆，这些陆块在“软流层”之上，是一个整体，不会分开，也永远不会分开。现在看到的六个陆块是因为海洋把它们分开了，去掉海洋它们应是一个完整的地壳。

因此，笔者认为根本不存在大陆漂移和板块运动，而是由于地壳构造运动，在局部产生挤压、抗张、压扭和张扭作用出现的不同方向、不同性的地壳断裂活动、造山运动后沉降作用等，使海洋的范围和方向发生变化。

第四章

全球主要构造运动

陆壳岩石圈的结构演化，主要由陆壳的构造运动和构造体系所造成，它们的形成演化与分布规律受地壳运动方式、不同构造体系、方向所制约。因此应就陆壳结构的形成演化来探讨其所经历的主要地壳运动性质、时期及其变化规律。

地壳运动常被分为造山运动、振荡运动等，名目繁多，波及范围大小不一。同一时期的一场构造运动，在不同地质背景下表现不一。如同一场运动在一些地区因挤压或走滑抬升而造山，在另一些地带则因拗陷或拉张下沉而连续沉降，因而后期沉积对前者表现为不整合接触，对后者为连续沉积或无明显间断，这是因地壳运动中的挤压与拉张、褶皱隆升与拗陷或断陷总是相辅或相伴而行的。但由于构造运动引发的挤压与拉张等构造形变有着不同的产物，挤压或压剪性变形区常有变形变质作用、岩浆侵入活动相伴而生。而拉张裂陷带，则常有岩浆的喷溢等火山作用相随，形成活动型海洋槽地和火山—碎屑岩建造，而坳陷区或振荡作用区，则常有较稳定的碎屑—碳酸盐岩建造，它们对沉积矿产或火山—沉积矿产起重要控制作用。而后期构造活动可能改变原有的构造格局，显示出明显的新生性；也可能承袭早期的部分构造格局，而显示出明显的继承性。这与构造运动时期各波及部位所处边界条件、构造应力场分布与变化状况有关（表 4–1）。

中国各主要大陆所经历的构造演化历史是不相同的，各期构造运动在各大陆中的表现形式和强弱程度是有较大差异的。其基本情况是：华北陆块经过新太古代末和古元古代末两场构造运动之后而固结，形成结晶基底，中—新元古代为稳定盖层发展阶段，直到三叠纪后期的印支运动才表现出活动强度较大的变形变质作用。扬子—塔里木陆块则在古元古代末形成结晶基底，中—新元古代为活动型和次活动型沉积环境，经晋宁—澄江运动（新疆称阿尔金—塔里木运动）形成褶皱基底，从震旦纪开始进入稳定盖层发展阶段；显生宙以来在这一构造陆块内的发育历

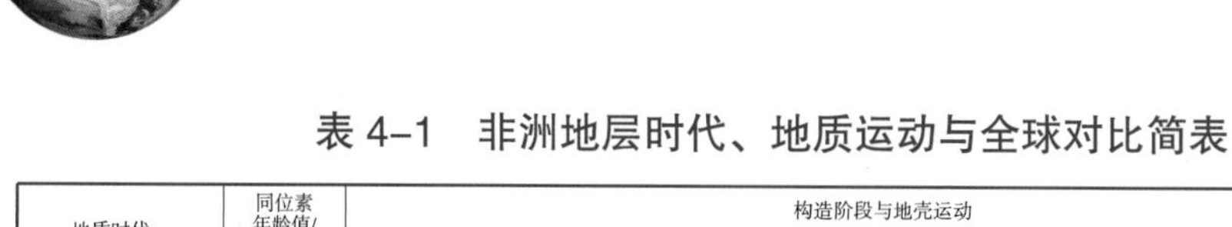

表 4-1　非洲地层时代、地质运动与全球对比简表

地质时代			同位素年龄值/Ma	主要地质事件	欧美		中国		非洲	
			现在							
新生代	第四纪	全新世	0.01	联合古陆解体阶段		新阿尔卑斯阶段		喜马拉雅阶段		阿尔卑斯阶段
		更新世	2				喜马拉雅运动(晚)			
	新近纪	上新世	5						阿尔卑斯运动晚期	
		中新世	22.5		撒夫运动		喜马拉雅运动(早)			
	古近纪	渐新世	37.5		比利牛斯运动					
		始新世	50						阿尔卑斯运动早期	
		古新世	65				燕山运动(晚)			
中生代	白垩纪		137		拉拉米运动	老阿尔卑斯阶段	燕山运动(中) 燕山运动(早)	燕山阶段		
	侏罗纪		185		新西末利运动		印支运动(晚)			
	三叠纪		230	联合古陆形成阶段	老西末利运动		印支运动(早)		海西运动第三幕	海西阶段
晚古生代	二叠纪		280		阿帕拉钦运动	海西阶段	伊宁运动	印支海西阶段	海西运动第二幕	
	石炭纪		350							
	泥盆纪		400		布列东运动		天山运动		海西运动第一幕	
早古生代	志留纪		440		伊里运动		祁连(广西)运动			
	奥陶纪		500			加里东阶段	古浪运动	加里东阶段	(加丹加)泛非运动晚期	泛非阶段
	寒武纪		610		太康运动		兴凯运动			
元古宙	新	震旦纪	850							
			1055	地台形成阶段	阿奈提运动		晋宁运动(晚)	吕梁晋宁阶段	(加丹加)泛非运动早期	
	中		1600~1700		哥德—格林威尔运动		晋宁运动(早)			
	古		2500~2600		卡瑞里—赫德孙运动		吕梁(中条)运动	阜平吕梁阶段		
太古宙	新		3900~3000				五台运动			
	古		3800	陆核形成阶段	萨姆—肯诺尔运动		阜平运动			
冥古宙			4600	天文阶段						

程基本一致，只是西部活动强度有时大一些，但自印支运动以来，东西部呈现了明显的差异。华夏古陆块于古元古代末形成结晶基底，从中元古代到早古生代都处于活动沉积环境，即在晋宁运动前后均为活动型沉积，早—晚古生代形成褶皱基底，而后转入稳定盖层沉积，印支期以来又表现出较强的活动性。藏南—滇西地区属冈瓦纳大陆北缘，它与华夏陆块有较大的相似性，其褶皱基底形成于早古生代早期，中生代演化为东特提斯构造域的主要组成部分，活动性较强。中国最北部则属蒙古陆块南缘区，这里基底岩系出露不多，已有资料表明该区在古生代时期可能为一广阔海洋，古生代末褶皱回返，转入稳定发展阶段，可能有元古宙结晶基底存在。但佳木斯—老爷岭及吉东、辽东地区，中元古代长期隆起，新元古代强烈沉降，与大别—胶东地区一致，新元古代以来，与扬子—华夏陆块相似，而明显区别于华北陆块。

古生代主要构造运动由老而新如表 4-1 所示。

一、中元古代与新生代之间的构造运动

晋宁运动原指中国西南地区昆阳群、会理群等变形变质并形成该区褶皱基底的一场重要构造运动。在以后的工作中发现，这次运动在扬子陆块及其周缘广泛存在，也是形成该区基底的一次重要的变形变质作用。其后期还有广泛的岩浆活动和过渡型—活动型建造，因此它应包括其后的澄江运动，或称晋宁运动尾幕，即震旦纪冰成岩系与下伏岩系间的构造变动，其时限为距今1000~800Ma。

这场构造运动在塔里木—柴达木陆块、川西北松潘陆块、藏北羌塘陆块及阿拉善陆块南部至华北陆块南部、伏牛山区的隆起带上均有显著表现，在西北称阿尔金运动和塔里木运动或全吉运动。许多地区存在两个界面，主界面在1000Ma左右，后期界面在800Ma左右，大体相当于青白口纪的底界面和顶界面。扬子—塔里木陆块褶皱基底的沉积建造和构造变形变质、岩浆活动基本可以对比，而且这些地区的青白口系火山—碎屑建造、类复理石建造也基本上形成于同一构造环境；上覆震旦纪冰成岩系和碳酸盐岩建造及晚期含磷（钒、铀）建造更具有广泛的一致性。总的来看，晋宁—塔里木运动使扬子—塔里木地块基底褶皱固结，转入稳定盖层发展阶段。这一运动对华北地块也有着重要的影响，主要表现为震旦纪整体抬升，未接受距今800~600Ma期间的沉积。扬子—塔里木地块与华北陆块组成了中国早期的稳定统一陆壳。晋宁—塔里木运动的变形域已卷入华北陆块西南，从北山—阿拉善南部—伏牛山一线，前震旦纪中—新元古界已明显变形变质，且成为扬子—塔里木陆块北缘的组成部分，其后为震旦纪沉积区。这个带向北有可能伸入到准噶尔盆地东缘。

二、志留纪与泥盆纪之间的构造运动（海西运动第一幕）

系早古生代末期的一场重要的构造运动，在各陆壳上普遍存在，但不同陆块或同一陆块的不同地带，构造运动的强度和表现形式是不相同的，其发生和结束的时限亦有所差异，因而不同陆块、不同地域的名称也不统一。比较有代表性的为中国西北地区的祁连运动和华南的广西运动，表现为早古生代晚期的褶皱变形作用；华北地块内则表现为晚奥陶世至早石炭世期间的整体抬升、剥蚀，缺失上奥陶统—下石炭统，中石炭统沉积与下伏中奥陶统间为区域性平行不整合接触。

华夏陆块、扬子陆块周缘和内部一些活动地带中，于志留纪末发生的一次褶皱运动使下古生界岩石强烈变形，伴有不同程度的动力变质作用，并有中酸性岩浆侵入及显著的断裂活动和块断隆升。如在北秦岭带、龙门山—玉龙雪山带和下扬子东缘与华夏地块内，形成紧密线型褶皱与大型断裂带；扬子陆块西部及西南缘的哀牢山带、紫云—罗甸断褶带等，泥盆系与下古生界间呈现显著的不整合接触，四川盆地抬升，其邻近的大巴山、大娄山等地区也普遍上升，但无明显变形，中—下泥盆统与志留系多为侵蚀不整合。下扬子陆块内与之相似。

三、天山运动（海西运动第一幕）

这是晚古生代中后期的一场重要的构造运动。由于加里东运动对中国陆壳的强烈改造，使华夏陆块与扬子陆块结合为一体，使中国东部和东南部边界条件发生改变，加之印度陆块与塔里木—扬子陆块靠近及蒙古加里东弧形构造带的形成和发展，自晚古生代以来，逐步改变了中国陆壳结构的格局。晚古生代早期，中国陆壳总体处于由隆升转为稳定沉积，在一些加里东活动带中还有继承性活动，升降活动频繁。泥盆系多为山前—山间陆相或陆相—滨海陆棚相碎屑岩建造，基本上没有正常的海相碳酸盐岩建造，不少地区还有缺失。在晚海西运动它们主要发生在早、晚二叠世之间，前者表现为褶皱变形及岩浆活动，具显著不整合关系；后者主要表现为隆升间断，局部不整合关系。在华北地块上仅表现为微弱间断。虽然各地表现不一，但总体反映了这场运动对中国陆壳的广泛影响。天山运动表明，自晚古生代中后期以来开始出现的两个纬向带系经过多次活动后，到晚二叠世初由西向东逐渐成形，经变形形成褶皱带并伴较强烈的岩浆侵入活动，被晚二叠世稳定型碎屑—碳酸盐岩建造不整合覆盖。这一时期还有若干近南北向的高原玄武岩带出现，最显著的是沿川滇南北带形成了峨眉山玄武岩带和攀枝花—西昌地区的含钒钛磁铁矿的基性侵入岩带、金沙江—临沧构造岩浆动力变质带等。

这里需要指出的是，中国陆壳晚古生代的构造运动，许多地区不是结束在晚二叠世与三叠纪间，而是在早、晚二叠世间，而晚二叠世—早三叠世多为连续沉积，更无不整合存在。

四、中—晚三叠世的构造运动

第三叠纪发生的一次强烈的构造运动，其主幕发生在中—晚三叠世或晚三叠世中—晚期。这场运动使亚洲大陆与太平洋地块之间构造体系演化进入了一个新的阶段。在中国陆壳、东亚濒太平洋地区和印支地区都有强烈而明显的踪迹，最突出的是横贯中国中部的两个纬向构造体系的发展和定型、中国西南部特提斯构造带的崛起、东部华夏系构造的定型和大陆南缘印支期活动构造带的形成。造成晚三叠世瑞替克期—早侏罗世里亚斯期的沉积广泛地不整合于中晚三叠世强烈变形变质岩系之上。除西部特提斯域演化为活动型海相沉积环境外，中国大陆其余地区结束了海侵而转为造山后的陆相含煤沉积。晚三叠世末印支尾幕的再次变形之后，西南部海水继续向西退缩至藏南一隅。伴随印支运动广泛发育中酸性岩浆侵入活动和构造动力变质作用。

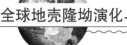

中国陆壳经过了强烈而广泛的印支运动后，基本上铸成了现今的统一陆壳，三大构造域夹持的边界条件已成定势。其后的燕山运动和喜马拉雅运动，多在印支格架的基础上改造与发展，仅有一些局部性或区域性改变。所以印支运动是中国陆壳演化史上又一次重大的变革，它可与吕梁运动、晋宁运动相媲美。

五、侏罗纪与白垩纪之间的构造运动

一般认为燕山运动为侏罗纪—白垩纪广泛发育于中国全境的重要构造运动，主要表现为褶皱断裂变动、岩浆侵入与喷发活动及部分地带的变质作用。它不仅是中国陆壳的一次重要构造运动，而且对濒太平洋地区和中特提斯构造域都有重要影响。由于这场运动在各地区的表现特征、变形强度不一，因而在构造期幕的划分上存在一些分歧，一般划为3个较强的褶皱—断裂形变期，两个较弱的变形期（共5分幕：中—晚侏罗世、晚侏罗世—早白垩世、早—晚白垩世、晚白垩世—古近纪），以晚侏罗世—早白垩世间岩浆活动、构造变形最为明显，但对晚白垩世与古近纪间的运动特点和表现方式尚存在较大分歧。因晚白垩世和古近纪间的沉积环境基本一致，且地层多为连续沉积或无明显间断，更无区域性不整合存在。

中国的燕山运动，实际是印支运动的延续和发展，由华力西—印支期南北均衡挤压转为非均衡的挤压兼扭动环境，到燕山期以非均衡扭动为主，变形特点由强塑性为主转向脆塑性形变为主。燕山运动不仅产生了新的构造型式，而且强化和承袭了一些早期构造类型和构造型式，铸成了现今中国陆壳的构造面貌。

六、古近纪与新近纪之间的构造运动

这是新生代以来中国陆壳发生的构造运动，它使中生代的特提斯海域变成巨大山脉、濒太平洋的沟弧盆地形成和发展。其主要变形变质事件发生在渐新世初—中新世初。西藏地区从渐新世开始海水全部退出，继而则为剧烈的变形变质作用，表现为强烈的褶皱、断裂活动和中酸性岩浆侵入、动热变质作用，后期形成大规模逆冲、推覆与滑覆构造，导致青藏高原地壳大幅度隆升和东西伸展，引发物质侧向运移，致使其东部陆壳围绕西藏陆块顺时针方向旋扭运动，使帕米尔—喜马拉雅地区成为世界上最高、最年轻的褶皱山系。中国东部受太平洋构造域的制约，在新近纪和第四纪初形成近南北向的中国台湾—菲律宾褶皱山系，中国南部大陆架的北东—北北东向构造带和东亚岛弧带进一步发展。

喜马拉雅运动第一幕发生在新近纪、古近纪之间，造成新近系、古近系间强烈不整合接触。第二幕发生在中新世与更新世间，东南海域和中国台湾—菲律宾一带，又称台湾运动，在更新世之前到达剧烈活动阶段，更新统强烈不整合在上新统之上，不仅有褶皱变形，而且有高压动力变质岩带出现。第三幕从更新世至现今，西部高原在南北向挤压及不均衡旋扭应力作用下急剧隆起，老断裂再次活动，部分地区有第四纪火山喷发，东缘地带走滑活动较显著；东部地区在太平洋地块作用下，遭受以东西向为主的挤压作用，沿早期北东—北北东向断裂带产生右行走滑，形成一系列次级拉分盆地，使早期断裂的力学性质、运动方式发生转变。直到今天，它的活动仍很强烈，对区域内地震活动及其他地质灾害有重要的控制作用。

七、全球代表性超长地质构造演化剖面

1. 印度—西伯利亚—北美—南美经向超长剖面（A1—A6）

印度—西伯利亚—北美—南美经向超长剖面（图 4-1）的起点为印度大陆西北部的被动陆缘，依次穿过印度大陆、特提斯造山带、中亚、西伯利亚、北冰洋、北美大陆、南美大陆，剖面全长约 27500km，下面分 3 部分进行详细讨论，即印度—西伯利亚大陆经向长部面（A1—A2 剖面）、北美—加勒比大陆经向长剖面（A3—A4 剖面）和南美经向长剖面（A5—A6 剖面）。

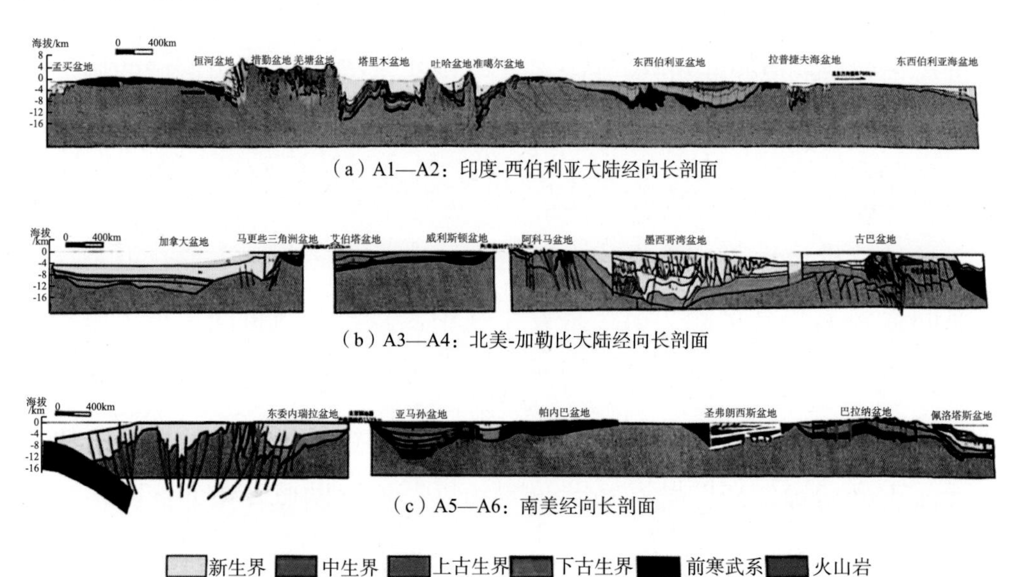

（a）A1—A2：印度-西伯利亚大陆经向长剖面

（b）A3—A4：北美-加勒比大陆经向长剖面

（c）A5—A6：南美经向长剖面

图 4-1　印度—西伯利亚—北美—南美经向超长剖面（A1—A6）

1）A1—A2：印度—西伯利亚大陆经向长剖面

印度—西伯利亚大陆经长剖面全长约 8000km，不同沉积盆地群的盖层厚度介于 6~14km 之间。由南向北穿过了印度大陆、拉萨陆块、羌塘陆块、塔里木陆块、西伯利亚大陆以及其间的特提斯和中亚两大构造域，南北两侧分别为印度洋盆和北冰洋盆。

剖面由南向北，依次为孟买盆地、德干大玄武岩省、恒河盆地、喜马拉雅造山带、青藏高原（包括措勤盆地、羌塘盆地），西昆仑造山带、塔里木盆地、天山盆地）、克拉通盆地（西伯利亚盆地）、叠合盆地（塔里木盆地、准噶尔盆地）等。其中，叠合盆地发育中（Carroll 等，2010），以塔里木盆地叠合期次最多，受中亚与特提斯两大构造域影响（何登发等，2005）。

新生代印度大陆与欧亚大陆强烈碰撞，印度大陆西北—北部和东北部中生代被动陆缘演化为喜马拉雅造山带的周缘前陆盆地。印度大陆与欧亚大陆碰撞的远程效应，向北可以扩展到阿尔泰山系以北（Yin，2010）。古近纪以来，构造变形、应力持续向北传播，构造变形时间向北趋于年轻山脉的构造活动造成盆地逐渐演化为构造盆地，不断被分隔（如塔里木西缘、准噶尔和吐哈盆地）。盆地不断地消亡、抬升（如柴达木盆地），盆地面积不断缩小（如费尔干纳盆地、阿富汗—塔吉克盆地。

孟买盆地的形成始于早白垩世，马达加斯加与印度大陆分离后，古新世末和早始新世早期开始被动大陆边缘沉积阶段，是典型的被动大陆边缘盆地，也是南亚地区最富石油的盆地之一。特提斯构造域中发育的中生代措勤盆地、羌塘盆地，古近纪以来被大幅度抬升，沉积地层被构造破坏，形成青藏高原（白勇等，2010）。塔里木盆地受帕米尔、天山造山带复活、隆升和构造扩展的影响，新生代构造变形由边缘向盆内扩展，周围造山带强烈变形、隆升，造成塔里木盆地新生代挠曲沉降，发生强烈的构造缩短，成为内陆构造盆地。吐哈盆地中、新生代盆地剖面形态不对称，具有前陆盆地的特点，靠近山前，地层厚度增大，构造变形增强。准噶尔盆地南缘受新生代天山山脉逆冲推覆的影响，形成前陆盆地。西伯利亚地台主要是一个古生代沉积盆地，经历了里菲期—文德期拗拉谷到被动陆缘和古生代克拉通地台盆地两个阶段。三叠纪以后抬升、剥蚀（Frolov 等，2011），控制了现今地貌发育。由于盆地远离挤压板块边界，西伯利亚盆地构造活动长期保持稳定，勘探程度很低。

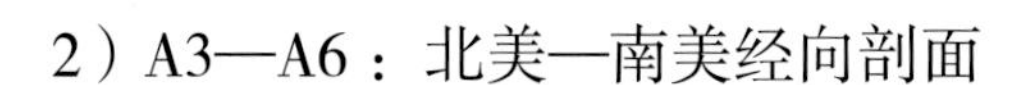

2）A3—A6：北美—南美经向剖面

北南—南美经向剖面全长约19500km。由北向南穿过的主要构造单元包括加拿大盆地、阿拉斯加大盆地、北美大陆、阿巴拉契亚—沃希托造山带、加勒比大陆、加勒比周缘造山带、南美大陆、大西洋被动陆缘等。剖面主要通过加拿大被动陆缘盆地、马更些三角洲盆地、艾伯塔前陆盆地、阿科马克拉通盆地、墨西哥湾被动陆缘盆地、古巴弧前盆地、东委内瑞拉前陆盆地、亚马孙克拉通盆地、巴拉纳克拉通盆地、大西洋被动陆缘盆地（佩罗塔斯盆地）等。

马更些盆地最大埋深达16km。盆地形成于加拿大洋盆的张开过程，古生代—中生代以被动陆缘沉积为主，中生代中期盆地降升，沉积间断遭受风化剥蚀，新生代以三角洲沉积为主。中、晚始新世阿拉斯加被动陆缘逐渐伸展变形。晚中新世，由于周围隆起和剥蚀，马更些盆地南部发生变形。

艾伯塔盆地是加拿大油气最富集的盆地，为一弧后前陆盆地（Porter等，1982）。该盆地北接马更些盆地，南邻威利斯顿盆地。艾伯塔盆地在剖面上呈平缓向西倾单斜状，楔状沉积体由西向东逐渐变薄，艾伯塔盆地西部最厚，可达600m，向东延伸至前寒武系基底，盆地古生代为被动陆缘盆地，中、新生代由于北美西部科迪勒拉造山作用而形成典型前陆盆地（Miall，2008）。中生代拉腊米构造运动使得前陆盆地进一步扩大，并沉积陆缘碎屑厚层沉积，前渊的沉积中心向东迁移。

阿科马盆地为古生代克拉通盆地，晚宾夕法尼亚世的沃希托运动在盆地南部形成沃希托前陆冲断带。墨西哥湾盆地为被动大陆边缘盆地，盆地中生代以来伸展发生迅速沉降和巨厚的三角洲沉积作用。墨西哥湾盆地沉积和沉降中心，从中生代至新生代不断南移，中生代晚期为大陆间原始大洋断陷型盆地，随后洋盆夭折，现今为大陆边缘型盆地。

古巴北部盆地发育在加勒比海地区大安德烈斯岛弧北侧，是一个弧前盆地。大安德烈斯岛弧靠近加勒比海一侧，发育一系列弧后盆地，如古巴中部盆地、古巴南部盆地、加勒比海岸平原盆地和格林纳达盆地。大安德烈斯岛弧受走滑作用影响，上述弧后盆地处于剪张构造环境。

东委内瑞拉盆地是南美油气最富集的盆地。它是由被动陆缘盆地演化而成的弧后前陆盆地，经历了古生代前裂谷、侏罗纪—白垩纪初始裂陷、白垩纪—古近纪被动陆缘和新近纪前陆盆地演化阶段（Escalona 和 Man，2003）。东委内瑞拉盆地具有不对称结构，剖面上呈楔状，自北部造山带向南部地台方向地层厚度逐渐变薄，地层向北倾斜。白垩纪末—古新世期间，加勒比陆块与南美大陆的斜向碰撞，导致山系开始隆升和复理石海槽盆地向南迁移。至始新世，板块边缘已变成右旋走滑边缘，持续的挤压作用使负载的地壳产生逆冲作用，导致东委内瑞拉盆地进入前陆盆地演化阶段，但构造变形并不强烈。

亚马逊盆地为古生代克拉通盆地主要充填发育 3 套海进—海退沉积构造层序，盆地的最大沉积厚度超过 7000m。亚马逊盆地的基本构造格架为南、北各发育一个，两个台地之间为中央坳陷，代表前寒武纪—古生代的裂谷轴，目前油气勘探程度不高。

早白垩世，南美大陆东部发育一系列断陷，晚白垩世—新近纪发育为被动陆缘盆地。巴西南部的佩洛塔斯盆地经历了裂前、同断陷和断后迁移 3 个演化阶段。同断陷演化阶段，广泛发生块断的隆起和火山活动，形成河流相砂、砾岩和火山岩。断陷迁移演化阶段的初期，充填泥质灰岩和砂质灰岩。随后沉积巨厚的下白垩统—古近系陆架和陆架斜坡碎屑岩层。

2. 北美—北非—中东—中亚—东亚纬向超长分段剖面（B1—B6）

北美—北非—中东—中亚—东亚纬向超长剖面（图 4-2）的起点为太平洋东岸，自西向东依次穿过北美大陆、非洲大陆北部、中东、中亚、东亚到西太平洋，剖面全长约 19000km，为展示清晰共分为 3 部分，包括北美纬向长剖面（B1—B2 剖面）、北非纬向长剖面（B3—B4 剖面）和中东—中亚—东亚纬向长剖面（B5—B6 剖面）。

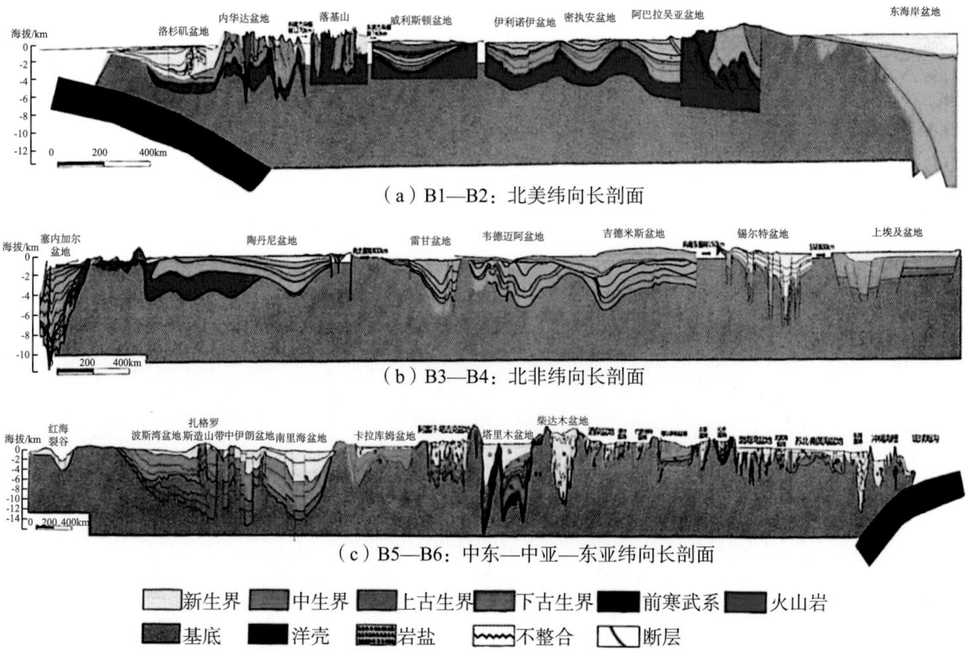

（a）B1—B2：北美纬向长剖面

（b）B3—B4：北非纬向长剖面

（c）B5—B6：中东—中亚—东亚纬向长剖面

新生界 中生界 上古生界 下古生界 前寒武系 火山岩 基底 洋壳 岩盐 不整合 断层

图 4-2 北美—北非—中东—中亚—东亚纬向超长分段剖面（B1—B6）

1）B1—B2：北美纬向长剖面

剖面全长约 2000km，不同沉积盆地群的盖层厚度在 3～12km 不等。自西向东穿过洛杉矶盆地、落基山盆地群、威利斯顿盆地，伊利诺伊盆地、阿巴拉契亚盆地和东海岸盆地。剖面东侧受东太平洋大陆向北美大陆俯冲的影响，发育中、新生代的弧后前陆盆地，剖面中部显生宙以来为稳定的克拉通沉积，剖面西段的阿巴拉契亚盆地为早古生代末加里东期前陆盆地，发育一系列向西推覆的逆冲断层。中生代末由于北大西洋打开，发育中、新生代被动陆缘盆地。

洛杉矶盆地是在圣安德烈斯大断层控制下形成的拉分盆地，为全球单位面积油气资源丰度最高的盆地。盆地基底是晚侏罗世—早白垩世变质岩和侵入岩，其上沉积了上白垩统到更新统地层，在盆地中心地层厚度最大可达 9400m。内华达中生代裂谷盆地发育于美国西部科迪勒拉造山带和科罗拉多高原上，由多个南北向断陷组成盆岭省。落基山前陆盆地群沉积盖层由前寒武系至新近系构成，向西以科迪勒拉逆掩推覆—褶皱带为界，北部与西加拿大艾伯塔盆地相连。该盆地形成演化与东太平板块向北美板块之下俯冲挤压相关（约 140Ma）。

伊利诺伊盆地呈椭圆形，是在要断陷复合体上逐渐发展的克拉通盆地（寒武纪—早石炭世）。上寒武统—宾夕法尼亚系厚度可达 4.3m。早寒武世为裂陷盆地，晚寒武世—二叠纪转为克拉通凹陷，古生代中期与东部的被动陆缘连接，沉积海相碳酸盐岩（Stuber 和 Walter，1990）。古生代晚期受到东部沃希托和阿巴拉契亚构造运动影响，遭受挤压改造。盆地中多数大背斜和断层都是在这一时期形成或活化的。中、新生代伊利诺伊盆地构造沉降停止，盆地发生抬升侵蚀，伊犁诺伊盆地以隆起与阿巴拉契亚盆地分隔。

密执安盆地呈圆碟形，沉积寒武系到二叠系地层，以碳酸盐岩沉积为主，最大厚度约 500m。阿巴拉契亚盆地呈北西向展布，位于塔康运动形成的阿巴拉契亚造山带西侧，以陆隆与密执安盆地和伊犁诺伊盆地分隔。古生代地层发育，地层向东倾斜，东厚西薄，局部厚度超过 12000m。盆地演化经历了寒武纪裂陷阶段、早奥陶世—中奥陶世被动陆缘阶段、中奥陶世晚期—宾夕法尼亚纪前陆盆地阶段。

2）B3—B4：北非纬向长剖面

剖面全长约 5000km，不同沉积盆地群的盖层厚度深度在 3～14km 之间。自西向东，依次穿过塞内加尔被动陆缘盆地、陶丹尼克拉通盆地、雷甘克拉通盆地、韦德迈克拉通盆地、锡尔特裂陷盆地、上埃及裂谷盆地、红海断陷盆地。不同克拉通盆地之间以中生代发育的陆拱分隔。北非古生代克拉通盆地经历了震旦系裂谷系和古生代克拉通盆地两个演化阶段（Craig 等，1996）。北非古生代叠合盆地发育，中生代以来非洲大陆沉积盆地以隆升剥蚀为主，为周缘被动陆缘盆地提供物源。

北非古生代克拉通盆地具有类似的地质特征，早古生代出现超级盆地，由强烈伸展的克拉通盆地和北侧的被动大陆边缘盆地组成，与古特提斯洋扩张相关，受晚古生代的沃希托和阿勒格尼造山运动（海西造山运动）影响，盆地发生构造破坏和隆升剥蚀。锡尔特盆地位于西非断陷体系（早白垩世）东北端，为中、新生代断陷盆地，是非洲重要的含油气盆地，具断陷—坳陷二元结构。

3）B5—B6：中东—中亚—东亚纬向长剖面

剖面实长约12000km，自西向东穿过红海裂陷、阿拉伯大陆、扎格罗斯造山带、伊朗陆块、卡拉库姆大陆、帕米尔造山带、塔里木大陆、柴达木大陆、祁连造山带、华北大陆、苏北造山带、扬子大陆、琉球海沟等构造单元。自西向东经过的盆地主要包括红海裂陷盆地、波斯湾叠合盆地、南里海残余洋盆、卡拉库姆盆地、塔里木盆地、柴达木盆地、走廊盆地群（包括酒西盆地、花海盆地、酒东盆地、湖水盆地、巴彦浩特盆地）、鄂尔多斯盆地、太原盆地、沁水盆地、渤海湾盆地、北黄海盆地、南黄海盆地、东海盆地、冲绳海槽等。这一剖面几乎涵盖叠合盆地、克拉通盆地裂谷盆地、前陆盆地和弧后盆地等多种盆地类型。其中，波斯湾盆地、南里海盆地、滨里海盆地共同构成全球油气最富集区。

红海裂陷盆地张开于新近纪，与阿法尔地幔柱活动相关。始新世以来，阿拉伯板块的碰撞对欧亚大陆内部改造作用微弱，主要造成中伊朗盆地反转构造，剖面上盆地原型保存完整，断裂活动微弱，盆地持续沉降—沉积。波斯湾盆地在二叠纪—侏罗纪为叠加在早古生代—泥盆纪克拉通盆地之上的被动陆缘盆地，北侧又被扎格罗斯新近纪—第四纪前陆盆地叠合的复合盆地（Maclay等，2004；Aminshahkarami等，2007）。波斯湾盆地地史上长期处于冈瓦纳大陆的古特提斯洋和新特提斯洋的被动陆缘环境，受海西造山作用和喜马拉雅运动改造轻微。扎格罗斯山前褶皱冲断带、阿拉伯地台斜坡带、中生代蒸发岩盆地和波斯湾油气资源特别丰富，形成了一系列世界级的巨型油气田。中伊朗盆地发育于岛弧杂岩基底上，为中生代裂谷盆地，新生代构造反转。南里海均陷基底的埋深为可达20~25km，是世界上沉降最深的盆地之一（Guest等，2007）。

为侏罗纪残余洋盆地上叠加新生代坳陷的叠合盆地。

卡拉库姆盆地（阿姆河盆地）和阿富汗—塔吉克盆地发育于海西期基底上。阿姆河盆地经历了早期断陷—坳陷（晚三叠世—古近纪）和晚期前陆盆地阶段（新近纪—第四纪），晚侏罗世盐构造发育。盆地剖面形态不对称，深部断陷发育，中期盆地构造稳定，晚期南缘发生冲断变形，发生轻微褶皱抬升，构造改造较弱，新生代盆地沉降量较小。阿富汗—塔吉克盆地自古近纪以来受印度板块远程挤压影响，山脉复活和构造抬升盆地发生挤压缩短，成为前陆盆地。受帕米尔造山带隆升和构造扩展的影响，新生代挠曲幅度较大，并发生强烈的构造缩短，盆地被破坏，被抬升剥蚀，发育丘陵、高地。

塔里木盆地发育在塔里木大陆上，盆地沉积了多套地层，剖面形态表现为三拗二隆的特征，盆地西边由于帕米尔地体和昆仑山造山带而与卡拉库姆陆块相隔。昆仑山造山带中上古生界地层表明，在晚古生代末塔里木陆块与邻近陆块完成聚合，后期由于新特提斯洋的闭合，塔里木盆地发生前陆反转，同时也造成周围造山带的再次活化抬升，现今塔里木盆地表现为“围陷盆地”的特征（Carroll 等，2010）。柴达木盆地和走廊盆地群为夹持在古亚洲洋构造域和古特提斯构造域间的山间盆地。盆地内部沉积侏罗系—第四系，在三叠纪泛大陆形成过程中，柴达木盆地和走廊盆地群的基底形成，侏罗纪中段剖面上的盆地群均发育伸展断陷，后期由于喜马拉雅运动而发育前陆反转，现今盆地内部逆冲断裂发育，酒泉盆地能看出明显的早期断陷和后期前陆改造的特征。华北大陆、扬子大陆和东海大陆上发育的盆地群均具有早前寒武纪克拉通基底。鄂尔多斯盆地三叠纪以来表现为向贺兰山前陆内俯冲的特征，盆地内部构造活动较弱，西缘神断裂发育。沁水盆地表现为巨大古生界向斜的特征，内部发育有新近纪地系。渤海湾盆地及以东盆地群受太平洋大陆向欧亚大陆俯冲的影响强烈，表现为断—坳的二元结构，断陷的发生时代向东逐渐变新。冲绳海槽表现为单一的断陷特征，其形成与西太平

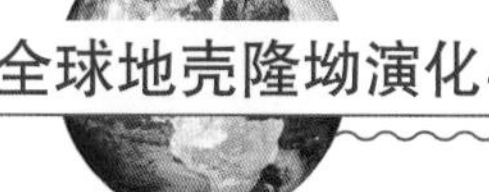

洋俯冲弧后伸展相关，形成过渡型地壳。

对比全球纬向超长剖面的构造演化可以看出，发育在陆块和稳定大陆上的盆地演化历史悠久，盆地构造历史稳定，造山带和微陆上的盆地（中亚）演化历史较短并且易于中断。前寒武纪以前的构造运动除南美大陆上的帕内巴和圣弗朗西斯盆地发育断陷外，主要形成了各稳定大陆上盆地的基底。早古生代，各稳定大陆上盆地表现为断陷（北美和非洲盆地群）和克拉通内坳陷（塔里木、华北盆地群等）的特征。早古生代末的加里东运动，使北美大陆上的威利斯顿盆地抬升剥蚀。北美大陆边缘的阿巴拉契亚盆地，由于这一时间的造山运动，由被动陆缘盆地进入前陆盆地发展阶段。中伊朗陆块、华北陆块上的盆地也表现为抬升剥蚀特征。晚古生代早期的海西运动，表现为亚洲西伯利亚陆块、塔里木陆块和华北大陆盆地到抬升剥蚀的发展阶段。古生代，古特提斯洋闭合过程中形成了中亚盆地群的古生代基底，印支期是中国大陆的东北、华北华南与蒙古等诸多微陆块碰撞的主要时期，塔里木盆地和华北陆块上的鄂尔多斯沁水等盆地具有前陆盆地或抬升剥蚀的特征。在印支运动期间，鄂霍次克洋最终关闭，中国—蒙古大陆增生拼贴于西伯利亚大陆南缘。随着新特提斯洋的最终闭合，阿尔卑斯—喜马拉雅巨型大陆碰撞造山带的发育，使中亚盆地群和中东盆地发育前陆盆地特征。在欧亚大陆形成过程中，太平洋周边一直发生俯冲作用，西太平陆块的俯冲使华北陆块上的盆地发育弧后断陷和坳陷的特征；东太平洋大陆向美洲大陆俯冲，使北美西部的落基山盆地群和南美的查科—巴拉那盆地发育前陆的特征。同时在泛大陆解体过程中，大西洋的张开使北美东部和非洲西部的盆地发育被动陆缘的特征。

3. 非洲东海岸—地中海—欧洲—北冰洋沿岸—西伯利亚—澳大利亚超长分段剖面（C1—C8）

非洲东海岸—地中海—欧洲—北冰洋沿岸—西伯利亚—澳大利亚超

长剖面（图 4-3）由南向北穿过非洲东海岸—地中海—欧洲，经过北冰洋后，又向南穿过西伯利亚—中国—东南亚—澳大利亚，全长约 20000km，主要包括非洲东海岸—地中海盆地群—欧洲—北冰洋沿岸—西伯利亚盆地群经向长剖面、中国东北—南沙—印尼盆地群—澳大利亚经向剖面。

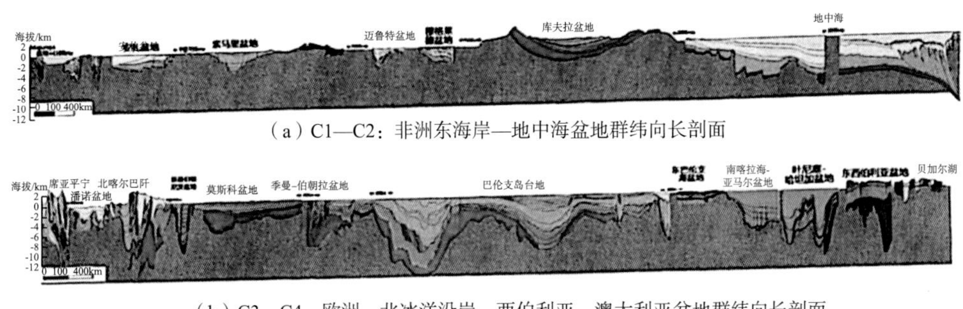

（a）C1—C2：非洲东海岸—地中海盆地群纬向长剖面

（b）C3—C4：欧洲—北冰洋沿岸—西伯利亚—澳大利亚盆地群纬向长剖面

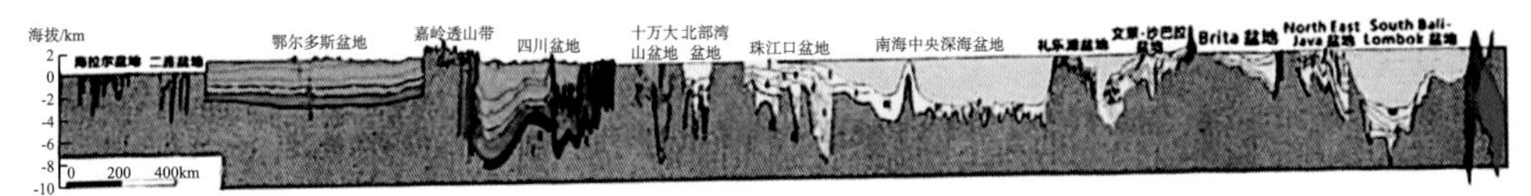

（c）C5—C6：中国东北—南沙—印尼盆地群纬向长剖面

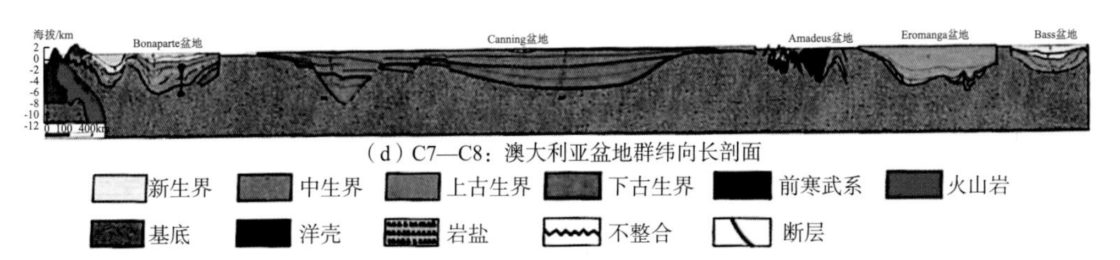

（d）C7—C8：澳大利亚盆地群纬向长剖面

图 4-3　非洲东海岸—地中海—欧洲—北冰洋沿岸—西伯利亚—澳大利亚超长分段剖面（C1—C8）

1）C1—C4：非洲东海岸—地中海盆地群—欧洲—北冰洋沿岸—西伯利亚盆地群经向长剖面

非洲—欧洲经向剖面由南向北穿过非洲大陆、阿尔卑斯造山带、华力西造山带、东欧板块、乌拉尔造山带、喀拉大陆、泰梅尔造山带，涉及东非被动陆缘盆地、非洲迈鲁特走滑盆地、穆格莱德裂陷盆地、库夫拉克拉通盆地、东地中海残余洋盆、潘诺山间盆地、喀尔巴阡前陆盆地，第聂伯—顿聂涅茨克拉通盆地、莫斯科克拉通盆地、季曼—伯朝拉前陆盆地、东巴伦支克拉通盆地、南喀拉海克拉通盆地等。

非洲东部沉积盆地主要受控于中非断裂系，发育一系列中—新生代走滑—断陷盆地，包括多巴断陷、多赛奥断陷、萨拉迈特断陷、苏丹断陷、安扎断陷及拉穆断陷。穆格莱德盆地是苏丹境内断陷盆地群中最大的含油气中生代断陷盆地，位于中非断裂系东端南侧，平面形态北宽南窄，呈长楔形展布，发育白垩系—古近系沉积。非洲北部发育较浅的碟形克拉通盆地，非洲北部被动大陆边缘和洋壳在东地中海向北俯冲，形成东地中海残余洋盆。

西欧陆壳基底最终固结与加里东期、海西期造山带基底发育有关。东欧被东北部发育中生代克拉通盆地，其面积、沉积厚度巨大，构造变形微弱。阿尔卑斯山—喀尔巴阡造山带是晚白垩世—古近纪非洲大陆与欧亚大陆碰撞的产物。喀尔巴阡山褶皱带是阿尔卑斯期潘诺地块向欧亚板块仰冲的结果。喀尔巴阡前陆冲断带前渊部位形成南、北喀尔巴阡盆地，在山间地块上形成潘诺盆地和持兰西瓦尼亚盆地，二者是在阿尔卑斯褶皱带基本形成后受控于地幔隆起形成的裂谷型沉积盆地。迪纳拉和亚平宁褶皱带在阿尔卑斯山南侧，呈北西—南东向展布。迪纳拉褶皱带自北东向南西逆冲，亚平宁褶皱带自南西向北东逆冲。南亚平宁盆地为上新世—第四纪前陆盆地。亚平宁、阿尔卑斯造山带显示复杂的马蹄形构造形态，控制了磨拉石—喀尔巴阡盆地新生代构造演化，但对欧洲大陆远程的构造影响微弱。第聂伯—顿涅茨克拉通盆地形态狭长，其盐构造非常发育、幅度较高，由裂谷盆地演化而来，持续沉降至今（UImishek，2001；KusznIr 等，1996）。季曼—伯朝拉前陆盆地在东西向剖面上具有明显的不对称特征，西部为相对平缓的地台，东部为沉积盖层急剧增厚前陆坳陷。盆地沉降与构造负荷密切相关，盆地经历了古生代裂谷—被动陆缘和二叠前陆盆地阶段，在造山带前渊内形成了巨厚的二叠系。东巴伦支中生代盆地晚二叠世—晚三叠世发生断陷作用，经长期沉降形成了大型克拉通盆地。叶尼塞—哈坦加裂陷盆地西部与西西伯利亚巨型盆地连为一体，是西西伯利亚三叠纪裂陷系的一个分支，与二叠纪末地幔柱活动形成的三叉裂谷系相交。

2）C5—C8：中国东北—南沙—印尼盆地群—澳大利亚经向剖面

澳大利亚—东南亚—中国—西伯利亚经向剖面穿过了特提斯构造域和中亚构造域。由南向北经过的主要构造单元，包括澳大利亚板块、苏门答腊俯冲带、东印度尼西亚大陆、南中国海大陆、东南亚造山带、东南造山带、兴蒙造山带、扬子大陆、秦岭造山带、华北大陆、中亚造山带、西伯利亚大陆等。由南向北穿过 Bass 盆地、Eromanga 克拉通盆地、Anderus 断陷盆地、坎宁克拉通盆地、澳大利亚盆地、爪哇盆地、南中国海盆地、四川盆地、鄂尔多斯盆地、海拉尔盆地、西伯利亚盆地等。

澳大利亚现今远离大陆边界，其北部和东部以巴布亚、新西兰微大陆作为屏障与太平洋活动区隔开，除了西北部开始与班达弧碰撞外，现今澳大利亚大陆为一构造活动较弱的大陆内构造单元。南澳大利亚地区在整个晚中生代—古近纪都处于拉张环境，随着澳大利亚与南极洲大陆分离，地幔岩浆活动及澳大利亚大陆发生陆内应力场变化，澳大利亚南部发生岩石圈减薄、构造沉降，导致裂陷盆地的形成。澳大利亚和南极洲之间的初始裂陷始于晚侏罗世，持续发育到白垩纪。在森诸曼（95Ma），澳大利亚开始从南极大陆分离出来，裂解区一直延伸到塔斯马尼亚岛西部。南澳大利亚地区断陷主要经历了白垩纪—古近纪发育期和新近纪构造反转期等演化阶段，普遍具有断—坳双层结构。最南端的古普斯兰盆地为澳大利亚南部的断陷盆地，早白垩世—侏罗纪，吉普斯兰盆地受南北走向的拉张作用，晚白垩世吉普斯兰盆地处于断后热沉降阶段，始新世至今，占普斯兰盆地遭受由北西至南方向的挤压运动。巴斯盆地位于澳大利亚南部，为稳定块内的半地堑断陷盆地，盆地呈北西向展布。早白垩世—早始新世为巴斯盆地主要的断陷发育期。

坎宁盆地位于西澳大利亚地区中部，为早奥陶世—早白垩世克拉通盆地，盆地自早古生代以来经历多个沉积旋回，其南部凹陷地层厚度最大，达到 5000m。埃罗曼加克拉通盆地面积达到 120.56×10^4km^2，是

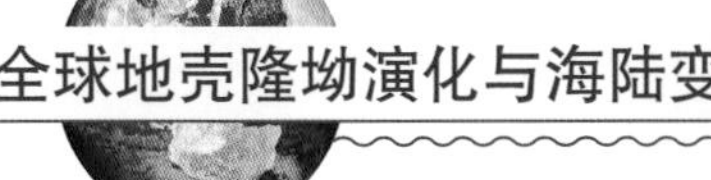

澳大利亚规模最大的盆地，具有碟状结构及基底不对称性（Swindon 和 Moore，1998），受断裂短期活动和热凹陷等事件的影响，盆地发生缓慢沉降。库珀、苏拉特盆地均为埃罗曼加大型克拉通盆地的一部分，其中苏拉特盆地主要为侏罗纪—白垩纪盆地；库珀盆地是石炭纪—三叠纪克拉通内断陷盆地，侏罗纪后演化为埃罗曼加大型克拉通盆地的一部分。

波拿巴特盆地为澳大利亚西部大陆架的被动陆缘盆地，经历了冈瓦纳大陆内部克拉通盆地、大陆裂解期裂谷盆地和大陆漂移期被动大陆边缘盆地（晚三叠世—早白垩世）等演化阶段，中新世晚期受澳大利亚西北大陆架与班达弧之间碰撞的影响，主要形成盐底辟及相伴生的断块和背斜。澳大利亚西北部现今的弧—陆碰撞表现最为明显，在弧—陆碰撞区发育典型的弧后前陆盆地，前防盆地的剖面结构特征明显，如巴布亚盆地巴布亚褶皱带和帝汶盆地逆冲褶皱带出露地表。东南亚—澳大利亚地区处于欧亚大陆、印度—澳大利亚大陆和太平洋板块的汇聚部位，澳大利亚向北俯冲于巽它大陆和东帝汶岛弧之下。帝汶岛是由一系列推覆体构成的，包括仰冲至澳大利亚大陆边缘之上的大洋和大陆物质。东南亚地区前陆盆地主要有帝汶和巴布亚盆地，向澳大利亚北部和西北部变为前陆盆地和被动陆缘盆地（波拿巴特盆地）。

东南亚地区弧前盆地主要处在苏门答腊和爪哇火山弧弧前位置，盆地沿印度洋一侧分布，主要沉积物来自岛弧火山碎屑物。东南亚弧后盆地主要有苏门答腊盆地、爪哇盆地，它们形成于古近纪—新近纪，构造演化经历了断陷期和反转期，也是东南亚油气最富集的盆地（薛良清等，2005）。南中国海盆地是扩张始于渐新世的边缘海盆地，形成现今被动大陆边缘断陷盆地、推覆带、俯冲带和海盆等多种地质构造单元。相对巽它爪哇弧后盆地，南中国海地区的盆地形成时代较晚。北部为被动陆缘盆地（珠江口盆地）、南部为弧前盆地（巴拉望盆地），中部的扩张中心已停止活动。南中国海盆地经历了古近纪裂谷断陷阶段和新近纪后期断陷沉降阶段，属于非典型被动大陆边缘盆地，并且还经历了陆块间碰撞挤压—走滑以及洋壳俯冲等改造作用。亚洲大陆内部的盆地构造上相对稳定、变形微弱，如鄂尔多斯盆地等。克拉通盆地受板块边缘构造活动影响，发生抬升剥蚀或者构造缩短。克拉通盆地边缘坳陷发育，为伸展或挠曲作用产物。兴蒙造山带上的中生代海拉尔断陷盆地规模较小，发育历史较短。

4. 南美—非洲纬向超长分段剖面（D1—D4）

南美—非洲纬向长剖面（图 4-4）实长约 7500km，自西向东穿过东太平洋大陆俯冲带—南美大陆—大西洋—非洲大陆。剖面自西向东穿过查科—巴拉纳盆地、桑托斯盆地、下刚果盆地、刚果盆地、东非断陷、拉穆盆地和 Majunga 盆地，本剖面展示了冈瓦纳大陆自中生代裂解以来的盆地构特点，以古生代克拉通盆地和中、新生代伸展盆地为主。大西洋两岸被动大陆边缘盆地结构（沉积地层厚度和盆地宽度）明显不对称，非洲西缘较宽阔，而巴西陆缘较狭窄并且基底强烈上拱，记录了晚期太平洋挤压变形向大西洋区的传递。南大西洋的形成是冈瓦纳大陆晚侏罗世—早白垩世裂谷作用的产物，由南向北逐渐裂解，非洲和南美洲之间开始漂移和分离。大西洋盆地张开时间对应太平洋大陆俯冲，岩石圈强烈的伸展作用被太平洋俯冲消减所平衡。

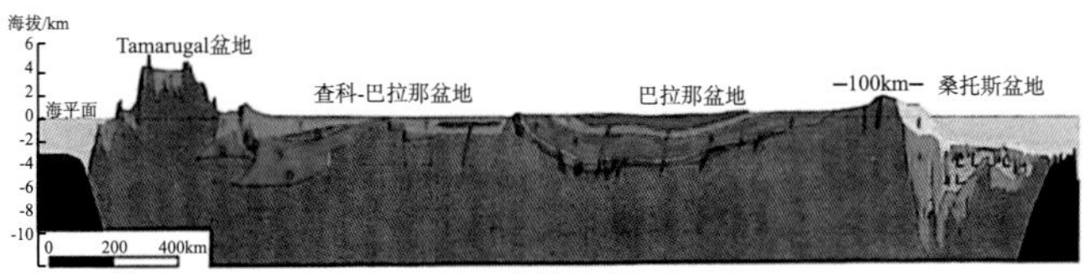

(a)D1—D2：南美长剖面

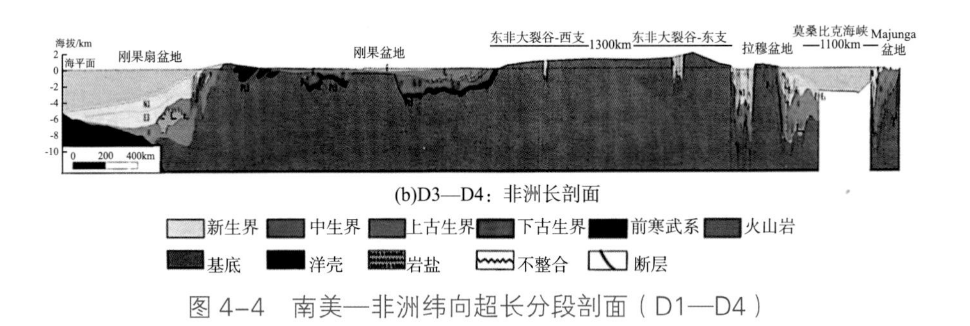

(b)D3—D4：非洲长剖面

图 4-4　南美—非洲纬向超长分段剖面（D1—D4）

南美剖面由西向东依次展示海沟、弧前盆地、岛弧、弧后前陆盆地、断陷盆地、克拉通盆地、被动陆缘盆地、被动大陆边缘盆地的有序并列和连续变化，是全球盆地分类的典型剖面参照区。前陆盆地位于安第斯山系的向陆一侧，介于造山带与相邻克拉通之间。查科巴拉纳盆地、巴拉纳古生代克拉通盆地、桑托斯被动陆缘盆地之间以陆拱作为分隔。陆拱以低幅度、长期发育为特征，陆拱边缘被邻近盆地的沉积地层持续超覆，并伴随发育有正断层。陆隆成为克拉通盆地与同期的前陆盆地、被动陆缘盆地空间分隔或海侵贯通的组带。桑托斯盆地是南美洲富集油气的盆地，盆地内沉积了厚层的蒸发岩和后裂谷期沉积物。经历了早白垩世欧特里期—早阿普第期同裂谷演化阶段、阿普第期过渡演化阶段和阿尔比—全新世裂后被动大陆边缘演化阶段。

非洲剖面由西向东依次为下刚果被动陆缘盆地、刚果克拉通盆地、东非断陷盆地、拉穆盆地、莫桑比克海峡、马达加斯加西部盆地。非洲西海岸的下刚果被动陆缘盆地自白垩纪以来形成，经历了裂谷阶段、过渡阶段和漂移阶段的演化，渐新世开始，沿着下刚果盆地轴部发育刚果海底扇。因裂谷阶段形成厚层的上白垩统盐层，盆地沉积地层后期在重力作用下，向海一侧分别发育伸展构造带和挤压带，前端出现逆冲推覆构造带。刚果盆地为中、新生代克拉通盆地叠合在早古生代裂谷盆地上的叠合盆地。东非裂谷系形成于古近纪—第四纪，也是全球最大的陆上伸展断裂带，分为东支埃塞俄比亚—肯尼亚裂谷和西支坦噶尼喀裂谷。东非裂谷系是非洲—阿拉伯裂谷系的一部分，由上升的地幔柱活动引起。非洲—阿拉伯板块裂解，形成红海、亚丁湾和阿法尔海槽三叉断陷系，前两者进一步形成新生洋盆，后者形成天折陷，并向南延伸至东非支火山岩及山脉发育，覆盖厚达 2000m 的新生代玄武质熔岩和其他火山熔岩以及凝灰岩。西支火山岩不发育，以湖泊为地貌特点。通常认为西支较为年轻。非洲大陆东缘的形成与马达加斯加晚侏罗世的裂解漂离有关，与印度洋同时形成，东非大陆边缘以走滑和伸展为特征，形成巨厚中新生界沉积（厚度可达 6000m）。

加造山带、吐哈盆地、准噶尔盆地、阿尔泰—蒙古造山带、西伯利亚盆地、拉普捷夫海盆地等，多数盆地沉积中心靠近造山带一侧，与后期前陆盆地发育有关。其中，准噶尔盆地古生界地层厚度近 14km，是剖面上沉积最厚的区段。塔里木盆地和西伯利亚盆地显示基底隆起，分别经历了长达 700Ma 和 1600Ma 左右（多期）的沉降期。剖面上，发育多种类型的沉积盆地，包括裂谷盆地（拉普捷夫海盆地、三塘湖盆地）、被动陆缘盆地（孟买盆地、羌塘盆地、东西伯利亚海盆地）、前陆盆地（恒河）等。

这些剖面的构造演化基本特征，就是地质历史时期隆起与坳陷的演变。一个大陆或者大陆内某个地区都是如此。如中国大陆华北地区寒武纪—中奥世是坳陷区成为海洋覆盖区沉积，又开始接受海洋沉积。而且其他大陆以及大陆内某个地区都有相似的演化，即隆起和坳陷演变造成海陆变迁。

第五章

地壳构造变形样式

经多年研究，将地壳构造变形样式划分为八种：东西向构造样式、南北向构造样式、北东向构造样式、北北东向构造样式、北西向构造样式、山字型构造样式、S 型或反 S 型构造样式和旋扭构造样式。但主体构造体是东西向构造样式和南北向构造样式（图 5–1）。

本章提出了各构造体系强化特征：阶段性、继承性、差异性、迁移性及转换性，显现出各构造样式的复杂性。

同时指出了构造样式控制各大小地块的成生演化，而各地块又控制和影响构造样式形成和演化，它们相互作用造就了现今全球构造格局及海陆变迁和演化。

构造体系形成演化控制各时代沉积及原型盆地形成，亦控制全球能源矿产和金属矿产的形成、改造和定型，且构造样式控制矿产分布是很有规律性的。

一、东西向构造样式

东西向构造样式是全球性的构造样式，它们沿一定的纬度线环球分布，就现今资料看，纬度大致每隔 8°～10° 出现一个强烈挤压构造、岩浆活动及变质带，它们的主体是由走向东西的各种褶皱带、挤压性断裂带及岩浆岩等构成，同时有扭性断裂与之斜交，有张性断裂与之垂直相伴；带内一般都包容或归并一些古老地块或岩块，并有一些东西向槽地或盆地沿带断续展现；因其规模巨大，影响地壳深度较大，不仅广泛发育中酸性岩浆岩，而且还有较广泛的镁铁质、超镁铁质岩浆岩沿构造带断续出现，相循成带分布；同时有广泛而强烈的塑性—脆性形变，常有规模较大的构造动力变质岩带出现，如低温高压变质岩带、大型韧性剪切带、混合岩—重熔型花岗岩带等。每个构造带自成一个体系，它们沿一定纬度延伸，横亘大陆和大洋，在地球上广泛分布。因其他构造的

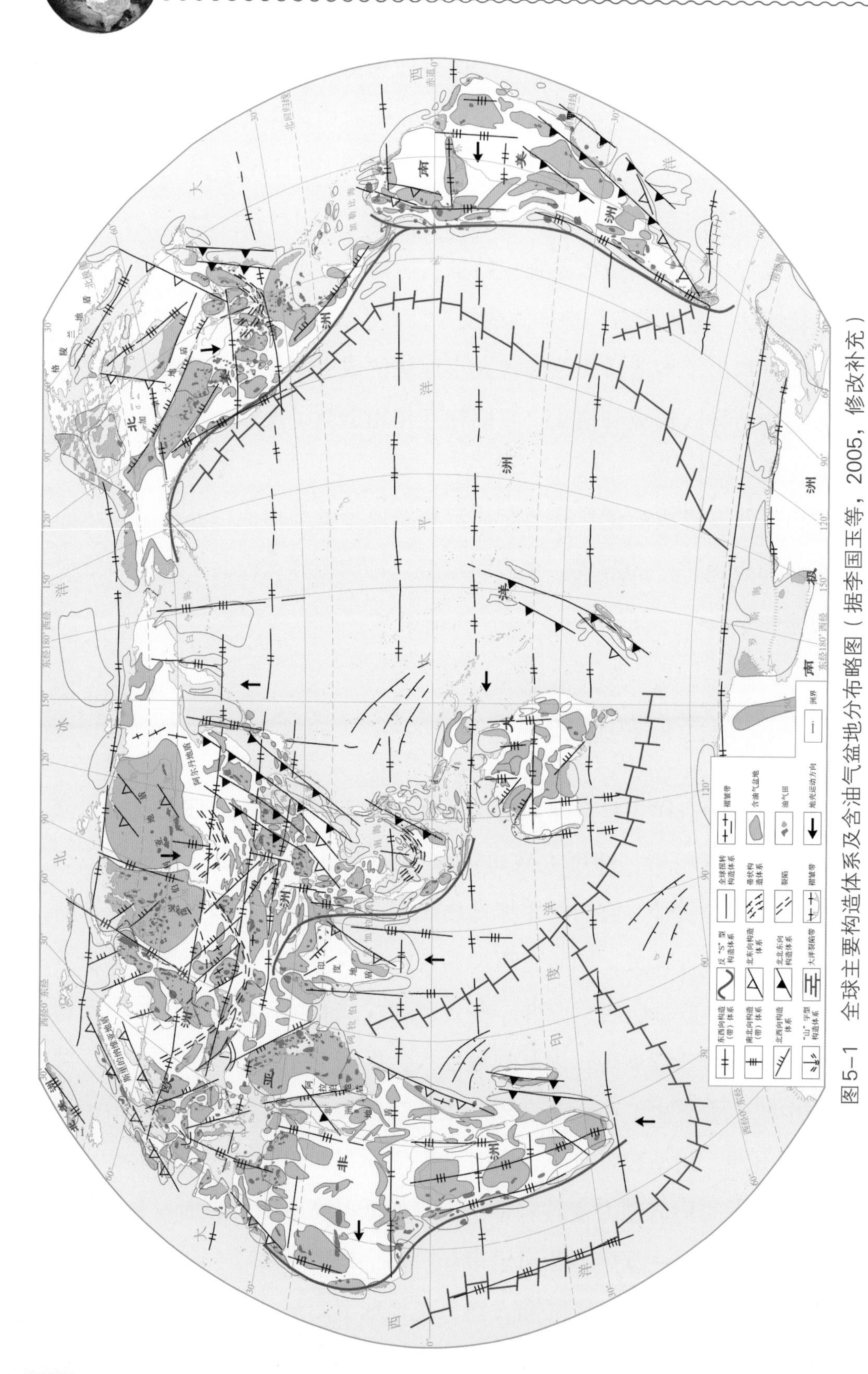

图5-1 全球主要构造体系及含油气盆地分布略图（据李国玉等，2005，修改补充）

干扰和地块沿南北向的滑移或偏转，各区段现今所处纬度有较大差异，方向也不全是正东西延伸，越是早期的构造滑移偏转越大，某些片段常被较新的东西向构造带所包容；现今展现于地球上面的这类巨型构造体系，多是在晚古生代—中新生代形成的，一部分有其继承性，它们在走向上呈波状弯曲，有时呈正弦状，由于有些地段沿东西向断裂带滑移（走滑）或沿南北向滑移，在带内常产生若干次级派生扭动构造体系。上述这些复杂因素使其结构面复杂化，故又称巨型东西复杂构造带。它们的形成受地球自转产生的东西向协和函数带所制约，故有其鲜明的定向性和定位性。

各东西向构造带都具有环球性分布特点，大体沿一定间隔的纬度分布，一般情况下在中高纬度区大致每间隔 8°～10° 出现一个较强的挤压性构造带，与临界纬度相一致。就现有资料，东西向构造样式在全球的分布概况如图 5-1 所示。

二、南北向构造样式

南北向构造样式的主体呈南北方向伸展，该样式由走向南北的挤压性构造带群或张裂性构造带群所组成，并有北西向、北东向扭裂带和近东西向张裂带与之相伴，每个构造带群自成一个体系，是地壳遭受东西向的挤压与拉伸作用的产物。其规模宏伟，有相应的变形带，还伴有相应的岩浆活动、沉积建造，有时还有构造动力变质带相伴随。它们影响地壳的深度不一，有的波及深度较大，反映出较明显的重、磁梯级带，有基性、超基性岩浆活动；有些波及深度不大，岩浆活动不明显，属地壳表层或浅层次滑动所致，一般仅具有区域性，如中国大陆壳南部的某些南北向构造带即属此类。但无论是哪一类型或哪一级别的南北向构造带，在地壳上层的分布都具有近似的等距性，其力学属性更具显著的区域性。最突出的是：在欧亚大陆中部的乌拉尔挤压性南北向构造体系以及美洲大陆西缘与太平洋东岸间的南北向山系，陆壳上向构造体系的规模大小不一、强弱不等、影响地壳深度有别，但它们基本上都以挤压型为主；而乌拉尔以西的欧洲、非洲、大西洋及其两岸的南北向构造样式，则是以张裂型为主的，如东非裂陷带、亚洲西部的死海、约旦河谷及欧洲西都的隆河河谷、莱茵河谷、斯堪的纳维亚大断裂、大西洋断裂等，都是典型的例子。这大概是在地球自转造成的地壳运动过程中，亚洲大陆前进较快、美洲大陆前进较慢，致使亚洲大陆与太平洋东岸遭受东西向挤压，而欧洲和非洲大陆、大西洋被撕裂，这一运动学机制所造成的结果。

南北向构造体系是地壳上一种最基本、最普遍的构造体系之一，在大陆和海洋中都普遍存在，有的规模甚为宏伟，形成一些巨型南北向构造样式（图 5–1）。

三、北东向构造样式

该样式是中国大陆地壳东部由加里东运动和印支运动为主幕形成的北东—南西向褶皱带组成的多字型构造样式，由晚三叠世以前的岩层、岩体遭受强烈压剪性直扭形成的变形变质带组成。它们多被晚三叠世以来的地层所不整合覆盖，其展布方向一般大于北 45° 东。该体系以北东向褶皱带（或隆褶与槽地）为主体，有压性、压扭性断裂相伴，在某些地区还有规模较大的北东向变质带及花岗岩带、火山岩带。北东向构造样式主要成生发展于古生代至三叠纪中晚期，一般经历了加里东运动和印支运动主幕两期变形变质作用，中三叠世末至晚三叠世早期才最后定型，对晚古生代及三叠纪沉积及岩浆活动有重要控制作用。其变形特征以塑性形变为主，伴有低温中高压动力变形变质岩带，走向一般为北

45°～50°东。因东西向构造带的穿切和分割以及各地区基底结构的差异，各区段发育程度不一，变形特征有所差异。

四、北北东向构造样式

该构造样式由以中国东部为典型的北北东向展布的构造带及沉积带组成，在北美洲、南美洲及太平洋地区均有发育。

五、北西向构造样式

该样式主要分布在中国西部北西—北西西构造系统，由一系列彼此平行、大致等距的北西向复杂构造带组成，在东准噶尔复杂构造带的东南端插入天山东西复杂构造带之中。

中国东准噶尔北西向构造样式包括额尔齐斯构造带、恰吾卡尔构造带、乌伦古河—三塘湖沉降带、北塔山构造带、淖毛湖沉降带、克拉麦里—莫钦乌拉构造带。

六、山字型构造样式

山字型构造样式由下列各部分组成。

前弧或正面弧经常是由若干相互平行的挤压带、高角度仰冲带亦即逆断层和逆掩断层以及平行片理和叶理等为主干而形成的弧形构造。在北半球范围内，这个弧形一般是向南凸出的，只在个别的情况下向西凸出，为了叙述方便起见，可以把它再分为几个部分。弧的中部或前部称为弧顶，前弧两端继续往后伸展的部分称为两翼。在多数场合，弧顶部分所呈现的弯曲度最大，而两翼则只具有很微弱的弯曲。但也有些前弧，它们的顶部和两翼的曲度差别不大，合起来成一个新月形。

在弧形挤压带的各部分，往往有和那一部分大致成直角的张性或扭性断裂（这些断裂有时被称为横断裂）。在弧形的顶部，这种断裂有时规模较大，它们所影响的地层可能较深，致弧顶陷落成为地堑而被新的沉积物所覆盖。在弧顶部分的褶皱和仰冲断层等，有时显示剧烈的水平挤压作用，因而形成重重相似的弧形构造。有时它们所形成的弧形褶带并不是很宽，为数也不是很多。构成翼部的挤压带，包括古老基岩的隆起带由较新沉积充填起来的长形盆地，有时大致彼此互相平行，也有时形成雁行排列。整个组成两翼的挤压带，如褶皱、仰冲断层、长形盆地等，往往越往后伸展有数目越增多，形状越呈向外张开和撒开的趋势。反射弧在前弧两翼中部的某处，弧形开始呈现反转它弯曲向的趋势，也就是说，从那里开始，两翼趋向于向外张开，并且朝着和前弧前部弯曲方向相反的方向逐渐弯曲，继续伸展到弧形的两个终段，形成两个反射弧。前弧向南凸出时，反射弧则向北凸出；前弧向西凸出时，反射弧则向东凸出。反射弧有时规模不亚于前弧，有时规模较小并且弯曲度也较小，甚至有时仅仅略呈向外弯曲的趋势。它们不像前弧的主要部分那样挤聚在若干比较狭窄的地带中，而是分散在比较宽广的地区。

应该指出，一个山字型构造的弧顶、两翼和两个反射弧之间，不存在任何界线。它们总合起来，略呈正弦曲线状，也就是一边呈S形，而另一边呈反S形，在前弧顶点联合在一起，形成一个连续的、反复弯曲的复式构造带。这并不意味着组成它的各个构造带从反射弧的一端到另一端，都是完全连续的。

脊柱在前弧凹陷区，也就是被前弧所半包围地区的中间地带，经常有强烈的直线状的隆起挤压带存在。这种隆起挤压带在极少的场合，在它隆起以前可能经过沉降（或准地槽状）的过程。在个别特殊的场合，这种隆起挤压带隆起以后，是否可能经过陷落而成为槽形地带，还是未决的问题。这种隆起挤压带的位置，大致和前弧的双边对称轴一致，这就是山字型构造的脊柱。这些由若干挤压带形成的复杂压性构造带，一般都局限于一定的范围，但也有时比较散漫。其中挤压现象最剧烈的一带，大都是对着前弧的顶点，并且它的走向大致与前弧的顶部成直角。在这个强烈挤压带的两旁，往往有较弱的挤压带，这些挤压带离中央强烈挤压带越远，它们就越显得微弱乃至消失。构成整个脊柱的挤压带，越近弧顶越见削弱，最后在离弧顶还有一定距离的地方，就完全消失了。上述挤压带是由褶皱、仰冲面、挤压破碎带、劈面、片理、叶理等构成的。与挤压带成直角的方向，往往有张性断裂或正断层发生。

以上所叙述的是脊柱正规的形式，但它是否也可能以广阔的隆起，亦即小幅度的宽广褶皱、拗褶或复式沉降带（准地槽）的形式出现，是应该进一步研究的问题。由于在脊柱所在地带的范围内往往有古老的岩层出露，所以形成脊柱的挤压带，往往是复合在较老的挤压带之上。那些较老构造所呈现的挤压方向，当然不一定都是和山字型构造脊柱的挤压方向一致的。当山字型构造脊柱部分形成的时候，因为受到挤压，它必然是隆起的地带。但如果这个隆起地带后来又在和它的轴线成直角的方向受到了张力的作用，这样就有可能如上面提到的那样，在它的附近或它的两旁发生较大的断裂而形成地堑。

马蹄形盾地在脊柱和前弧的弧顶和两翼之间，往往存在着马蹄形的平缓地区或褶皱极为微弱的地带。在山字型构造的前弧曲度不大的场合，往往形成辽阔而又平坦的盾地。这个作为山字型构造的一个组成部分的盾地，可能是由古老的褶皱、断裂或其他构造形迹僵化了的部分组成的，也可能有新的褶皱、断裂或其他构造形迹穿过这块盾地。所有这些老的和新的构造形迹，当然都不属于山字型构造体系，因此必须明确地指出，它们的存在，并不影响马蹄形盾地形成时的稳定性。但在前弧曲度甚大的场合，这个马蹄形地带就仍然不免遭受一些比较微弱和短轴褶皱的影响。有些马蹄形盾地的全部或其中一部分，直到地面，是由经过了褶皱或断裂的古老地块构成的，另外也有一些马蹄形盾地，全部或部分地在古老褶皱断裂的基底上覆盖着一定厚度的平伏岩层。前一类型的盾地，有时被称为台地，后一类型的盾地，有时被称为盆地。但如果从山字型构造整体的构造形态来看，这种出现在脊柱的一侧的盆地和在它的另一侧露出的古老破裂和褶皱的地块，它们是具有等同意义的。

山字型构造除了上述各组主要组成部分以外，有时在反射弧的凹陷区，还发生一些比较次一级的构造形迹。但在地质力学的意义上，它们并不一定是次要的。在反射弧凹陷区，往往出现规模不等的水平旋卷构造。同时在马蹄形盾地的范围内，尤其是在马蹄形盾地的中部和离前弧不太远的部分，也有时出现旋卷构造。反射弧凹陷区，一般是比较稳定的地区，它可能形成盆地或台地，但有时在它的中间地带出现相当剧烈的褶皱而形成反射弧的脊柱。在那种情况下，它的两旁比较稳定的地区，也成为小型的马蹄形盾地。

在前弧弧顶的前面，由于张裂作用甚强，有时有花岗岩体露出或埋伏在地下不深的处所。在反射弧的弧顶，也有时发生同样的现象。

走向南北的山字型构造脊柱，有时发生在已经受过东西挤压的地带，包括走向南北的地向斜和地背斜，也有时因为山字型构造脊柱已经发生，后起的构造运动便乘势发动东西向挤压，这样就形成了山字型构造脊柱和不属于山字型构造体系的南北向构造带复合现象。后者的发现，在中国境内，越来越频繁。如若它们出现在山字型构造前弧的后面，尤其是出现在前弧后面中部的时候，那就不免容易与构成山字型构造脊柱的成分混淆，但并非无法鉴别。之前已经提过，它们之间主要的差别在于它们各自展布或散布的方式不同。单纯的南北向构造带往往穿过山字型构造体系的前弧，而属于脊柱中的南北向构造带，却绝不能穿过前弧。单纯的南北向构造带往往彼此严格平行，散布的范围颇广，而组成山字型脊柱的各个构造带，则都密集于前弧后面中间地带，并往往呈现向前（即向弧顶方面）变窄，向后（即远离弧顶方面）变宽的趋势。

概括地说，山字型构造（除了个别的例子由于部分遭受了干扰或破坏以致发生不正常现象以外）的主要组成部分，一般都以脊柱为轴，两边约略对称地排列起来，两翼互为犄角，形成一个具有上述形态规律的整体。构成它的各个组成部分的结构要素，例如褶皱、断裂等，也各自按照一定的规律排列或互相穿插。这些排列的规律，对矿产分布都起一定的控制作用。特别是在前弧和反射弧弯曲度最大部分附近，有时出现矿床的富集带。在山字型构造展布的地区，前述的规律性，对于我们的勘探计划和施工设计的指导作用，是不应该忽视的。

从这些构造形态的规律，我们发现了更为重要的事实，即在中国境内，山字型构造的前弧一般向南凸出，只有极少数的构造，可能是属于前弧向西凸出的山字型构造。从在北半球其他地区已经确定的若干山字型构造判断，它们也是按照同样的规律排列的。这个山字型构造的方向性，是地质构造学上一种惊人的现象。它很清楚地指明，这一类型构造样式的起源，也和东西复杂构造带、南北构造带一样，是与现今地球旋转轴的方位分不开的。

根据理论分析和模拟实验来考虑山字型构造所显现的一幅形变图像，我们有理由把卷入这一类型构造的地区当作一块平置的平板梁看待。这种平板梁所承担的负荷是均匀的，又是水平的。负荷作用的方向，一般由高纬度向低纬度，在个别的场合由东向西。当这种平置的平板梁和它底下的岩层仅在离梁的两头不远的处所固着较紧，而在其他部分易于滑动或扭动的时候，它就会顺着负荷作用的方向稍有弯曲。在梁的中间，即与前弧顶点相当的处所，弯曲较为显著，同时山字型构造线，特别是压性和张性构造线的展布、排列和相互穿插的方式，也就反映平板梁中曾经发生过的主应力轨迹网的形状。平板梁和它底下的岩层（可能是所谓基层，也可能比所谓基层更深）固着较紧的处所，一般是和反射弧凹面比较稳定地区的基底相符合的。

山字型构造的深度，现在还不能一概确定。但一般地说，规模较小的山字型构造所影响的岩层厚度较小；规模越大的，它所影响的岩层厚度越大。现在还没有发现小型的和小中型的构造体系属于这一类型。就已经发现的山字型构造来看，其中最小的，从一个反射弧的末端到另一反射弧的末端，长达 30 多千米。从最外一道前弧的顶点到脊柱离前弧最远一点的距离，达 20 多千米。至于这一类型构造的规模，最大的达到什么程度，现在还不能确定。

七、S 型或反 S 型构造样式

S 型构造，属旋扭构造样式的一种。这个类型的构造样式一般规模都很大，其形态和组成成分都较为复杂，与其他构造样式的复合形式多种多样，相互干扰和利用的情况也很常见。根据该构造样式的特点，一般将其分为头部、中部和尾部三个部分，但它们之间是彼此联系的整体，并没有任何界线可分。一般说来，它的头部是由一套曲度极为显著的弧形乃至钩状的强烈褶断带所组成；中部是由若干强烈的平行褶断带构成，一般情况下走向大致近于南北或北北西—南南东向，部分为略成弯曲的弧形地段，微向西或向东突出；尾部也是由强烈平行的褶皱带组成，一般亦呈现弯曲形状，不过其弯曲方向恰好与头部方向相反。这样，头部、中部、尾部总合起来，就构成一个巨大的反 S 型构造样式。它与一般反 S 型构造的不同之处在于：它的头部，一般都显示强烈的旋扭现象，组成头部的一部分褶断带，往往曲度极大，而尾部的曲度，都较头部舒缓得多，头部外围褶断带可能是散漫而不连续的，因此，头部的外围可能出现几个不相连续、曲度不等的半环状旋扭构造。它的中部，一般与南北向构造样式重接或斜接复合，多数情况下，它的尾部往往由若干呈北西—南东到近东西向伸展的弧形褶皱带构成，在这些弧型褶皱带包围的中心常为稳定的地块，与头部相反，在构造上形成沉积坳陷或旋涡。

八、旋扭构造样式

旋扭构造样式是在以一旋扭轴为中心所发动的旋扭运动而形成的一种构造样式。旋扭轴有直立、倾斜和平卧 3 种，倾斜和平卧轴旋转速动所产生的旋扭构造样式多发生在褶皱运动了的地层间，且规模较小，只有在剖面上能观察到，地表不易看到。旋扭轴直立的较为常见，主要有 3 种形式：①发育较差的为帚状构造；②发育较好的为旋卷构造；③发育极好的为辐射同心圆状旋转构造。无论是哪种构造样式，其共同特点是：①中心部分由圆筒形或半圆形的岩块或地块构成；②弧形扭性断裂发育，把中心部分的岩石划分为一系列弧形岩块；③这个弧形扭裂面，无论是张扭还是压扭都围绕一个中心，呈同心圆展布：④发育极佳的旋扭构造样式，还伴有一系列辐射状扭裂面、构造发动带和岩块或地块，包括帚状、雁列、旋扭、放射状等构造样式。

帚状旋扭构造样式，一般由地表若干个一端收敛、另一端撒开的弧形构造形迹半环绕着砥柱或旋涡（旋扭核心）组成，形如扫帚而得名。它是一种发育较差但分布较广的旋扭构造样式，即初始旋扭阶段的产物，在平面上和剖面上都可经常见到，在地壳中广泛发育。

帚状构造的旋回面可以是压扭性的褶皱束或断裂带，也可以是张扭性的断裂带或岩脉群等。前者称压扭性帚状构造，后者称张扭性帚状构造。它的旋扭核心可以是凸起的岩块、地块或岩体，也可以是下陷的盆地、洼地或火山口、火山颈等。前者称砥柱，后者称旋涡。帚状构造的力学属性，主要是根据旋回面的力学性质和相对扭动方向而定的。但它们有着自身的规律性，即由张性、张扭性断裂、岩脉群组成的帚状构造，其内旋向撒开方向移动，外旋向收敛方向错移；由褶皱、挤压带或压扭性断裂组成的帚状构造，其内旋总是向收敛方向运动，外旋总是向着撒开方向移动，与张扭性帚状构造旋回面的运动方向恰好相反。简而言之，如果组成帚状构造的弧形结构面是张性、张扭性的，它们就标志着围绕着中心部分的岩石是由撒开方向向收敛方向扭卷的，如果那些弧形结构面是压扭性的，那就标志着中心部分的岩石旋扭核心是由收敛方向向撒开方向扭转的（图 5–2）。

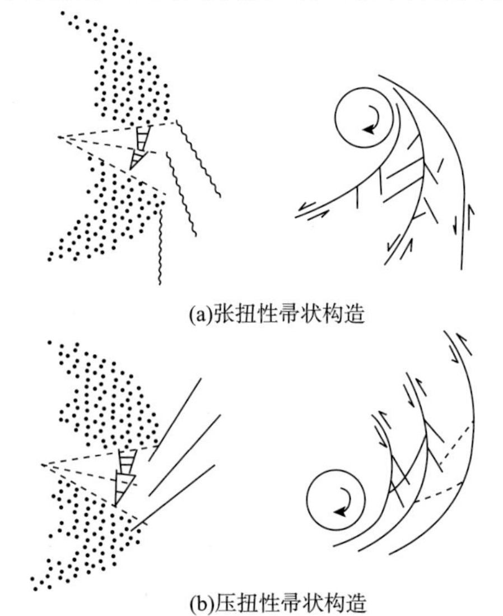

(a)张扭性帚状构造
(b)压扭性帚状构造

图 5–2　帚状构造的力学性质、旋扭方向及成因示意图

帚状构造的实例甚多。一般所见大中型帚状构造其旋扭核心都是直立的或近直立的，它们反映所在地区的平面扭动作用，而一些旋轴近水平的帚状构造体系，则多是小型的。这可能是因其出露深度所限，一些大中型的旋轴水平的帚状构造不易见其全貌，或不易察觉，还需做详细的调查研究方能确定、推知，在一些大型远程推覆构造带中，可能会有这类旋扭构造存在。

九、构造样式演化特征

构造样式在它的成生发展演化过程中主要特征初步归纳为五个方面：阶段性、继承性、迁移性、差异性和转换性。

第六章

全球地壳隆坳演化特征

笔者根据地球运动应力的产生、地壳运动的特征及近百万年来地壳上发生的构造运动、大地震、海水进退、火山喷发等各种现象，认为地球上各陆块不能产生漂移。魏格纳在20世纪20年代早期重新包装后提出大陆漂移的假说曾流传一时，到现在还有个别人认为大陆可漂移，这完全是不附事实的谬论。

地壳只能是由于受到水平挤压力造就深大断裂活动，产生上升隆起作用、下沉坳陷作用、走滑作用和俯冲隆升作用。特别是当张性深大断裂拉开后，地幔内的岩浆会发生侵入或喷出，随后它们会像凝胶一样将断裂封住。大陆地块在地质历史时期中变化多端。这种变化主要不是各大陆块本身的大距离位移变化，更不是大陆在漂移，而是由于大陆隆起和坳陷而造成的海陆在变迁。如2011年日本福岛地震发生的大规模海啸陆地下沉坳陷，海洋淹没了不少陆地而使日本岛陆地面积变小等，这不是日本岛在漂移。由此推断，在漫长的地质历史中各陆块的变化位移主要是地壳的隆起和坳陷演变使海陆变迁的结果。

当然，由于地应力作用产生的深大断裂具有如下特征：①挤压性，可以使一部分地块俯冲到另一个地块之下；②挤压可以造山（隆起）；③走滑断裂，可以使断裂两盘滑动几千米，但这种相对运动，对地球整体而言，都属于局部的运动。而在一定历史时期中，海洋变迁才对陆块变迁影响最大，如不同时期各大陆的变迁。由于上述原因使地壳形成的多类构造体系类型各有其特点。

地壳运动主要有三种形式，拉张坳陷、挤压隆起、走滑坳陷和隆起。这三种形式，是相应存在的，而且相互相应，有隆起就有坳陷。

相邻上升隆起地方产生强力挤压，必然造成相邻区大面积的坳陷。过程理论分析和实际调查，都要求褶皱造山带承受过强烈的水平挤压的，而大面积沉降是能够提供强大的水平挤压的。又因为大面积的沉降过程，通过力的传递，逼迫较深部的热能、气、液和岩浆以弧顶向下的弧形抛物线近似水平运动，往相邻上升地方以至较远地带转移、侵入和上升，在隆起带较深部形成相向对流及对撞的强大抬升作用。这是地壳运动以沉降为主的又一基本和重要的特点。

沉降过程就像劈木材那样，产生侧压力（又称侧压力矩），以形成强烈挤压。如果相邻上升地带，其标高相对较低，地表岩土仍具有较柔软、可塑、平铺状态等特点，那么，受沉降过程的强力挤压力矩作用，则容易产生强烈变形、褶皱、推覆体等现象。地槽演化在返回阶段早期产生的各种现象可说明这一点。据地球物理资料证明，大西洋、印度洋和北冰洋等大西洋型的大洋边缘不整合叠加在邻近大陆，充分表明了大洋盆地、海盆地的巨大面积沉降过程，产生强大的水平动力矩作用的结果。

在海沟陆壁上发现高压低温的变质岩，岩石强烈变形，产生低角度冲断层和推覆体的褶皱等。这也充分表明了大洋盆地和海沟的较大幅度的沉降过程，产生巨大水平动力矩作用的结果。

区域地质常见复式大背斜与大向斜相间重复出现。其中，复式大背斜的岩层发生强烈褶皱、相对上升，缺失一些地层，常见有火成岩，断裂较发育。而在大向斜部位，地表岩层平缓，往往比相邻复式大背斜多几个时代的地层。相间重复出现的复式大背斜和大向斜，究竟是怎样形成的？形成复式大背斜的水平相向作用力来自哪里，又是为什么？隆坳论认为大洋中脊地带形成是受来自两边的沉降坳陷过程所产生水平侧向动力的强力挤压；同时，因大向斜的沉降过程，逼迫该带较深部的热能、气、液及岩浆，都往复式大背斜部位转移、侵入、上升，形成相向对流及对撞的强大抬升作用的结果。当复式大背斜中部地段发生了较大断裂引发地震，以至岩浆侵入和火山喷发，使该带深部的能量发生了巨大的消耗，岩石经断裂破碎后，其抗压强度承载力值是大大减弱了。这样，就沿断裂陷落形成了地堑，或类似小盆地的更次级沉降。经过这一自然调控，使本地区的动力矩与阻力矩保持新的平衡利相对稳定状态。

通过对全球各地质时代沉积岩分布、构造运动状况及不同时间剥蚀量大小等因素进行分析，认为震旦纪陆地面积较大，早古生代寒武纪陆地面积最少，海洋面积最大，奥陶纪陆地面积比寒武纪增加，志留纪陆地面积是古生代最大的时期，晚古生代泥盆纪陆地面积较小，二叠纪陆地面积最大，中生代以来陆地面积在不断增加，海水面积在不断缩小。古近纪已初步形成了现在的几大洲陆地雏形。

海陆变迁绝对不是大陆在漂移，是由以下两个因素的作用所致。

第一，地壳地应力挤压作用使地壳不同部位抬升，另一部分沉降。海水流向沉降区，隆起变成陆地。地壳抬升和沉降运动，在不断地和不均衡地进行着，所以海水进退在相应进行。另外，影响全球海水进退的因素还有全球冰期海水面积变小，陆地面积增大，如晚震旦世、晚奥陶世—早志留世、晚石炭世—早二叠世、早第四纪等。

第二，地应力作用使地壳产生多方向大型断裂，促进地壳相对运动如沿断裂相对升降或相对平移，促进地块相对抬升和沉降或平移运动。

第七章

海陆变迁的证据

一、局部海陆变迁

据别洛乌索夫对大洋底，海底结构和大陆边缘的全部综合地质资料证明，朝大洋方向增强。

据斯托瓦斯资料，美洲大陆东、西岸普遍存在沉降坳陷，西岸有相当大一部分的山区，今天已浸没在海洋水之下。靠近海岸的许多地方，逐渐发现陆地浸没在海里的事实。例如，从白令海、鄂霍次克海、日本海、黄海、渤海、东海、南海直至孟加拉湾、阿拉伯海等许多地方，在第三纪即一千万年前还是陆地，而现在却变成大海。

近期在南极凯罗开尔海岭地域发现了 160 万年前沉降、大小相当于阿根廷的大陆，被从海底获得的恐龙化石和煤矿等物所证实。

差不多整个波罗的海南岸一带处于缓慢下沉状态。同样，北海的南岸、拉曼什湾的海岸、黑海苏湖木附近，澳洲大陆的部分沿岸，靠北冰洋的西伯利亚沿岸，非洲刚果河口附近等许多地方，今天都处于缓慢的沉降状态。

地中海在古生代末期、中生代初期以至老第三纪，都曾存在过大片隆升为陆地的现象。后来因为拉张作用，使相邻沿岸发生大面积坳陷，现在已变成内陆的大海，仍在扩大中。

20 世纪 60 年代，在红海底发现上千座的“烟窗”，由于海底火山的喷发作用，使红海沿岸缓慢沉降坳陷，海面不断扩大，且使红海成为世界上水温最高的海。后来，在墨西哥西部的海底也发现了海底“烟窗”。这种海底火山作用，使墨西哥沿岸等地方，处于缓慢沉降状态。随着地质和考古的发展，在南半球曾发现冈瓦纳古大陆。现在，大部分陆地已沉没在印度洋和大西洋中。

在大陆内部也逐渐发现沉降坳陷地区。例如，差不多整个海里西，阿尔卑斯的前山、巴伐利亚、靠近湖泊附近的区域，北美洲的密西根湖沿岸等地，今天都在缓慢地沉降。英国南部沿岸地区，至今仍处于下沉状态。荷兰沿岸的沉降速度每年约3mm。意大利那不勒斯湾一年下沉约7mm。

我国河北冲积平原处于缓慢沉降状态，而太行山相对隆升。约在100万年前，河北平原被海水淹没，北京地区在那时是个海湾。现在河北冲积平原有的地方已沉降达1000m左右。若按100万年计算，该平原每年沉降1mm左右。但因海河，特别是黄河（现在的黄河在山东省入海，在历史上它曾经从现在的河北省和天津市入海。据观测，黄河下游每年河床平均升高10cm），不断地把大量泥沙向海底充填，补偿了沉降失去的高度，夺回了被海水侵占的地方，使该冲积平原不断地向海中扩张。

据1999年刊登的《最新监测结果显示——北京在下沉》一文，在当时除北京市东郊地区的地面沉降得到控制外，周边地区出现了三个明显的地面沉降区域。10年间的沉降幅度为337~385mm，平均每年沉降30mm以上。这比河兰沿岸的沉降速度大10倍多。这种沉降幅度较大的原因，除过量开采地下水外，还与整个河北冲积平原在缓慢沉降有关。现在与过去的不同之处就在于能够有效地控制地面沉降，控制了沉降就是胜利。河北昌黎县城有个指路的石碑，标明距离海边2.5km，而现在实际离海边只有1km，表明了该海岸是在缓慢地沉降的。

1966年我国河北邢台发生强烈地震，国家测绘总局测量的结果表明由地震产生的断裂沉降带与极震区范围相吻合。断裂沉降带呈北北东向，其沉降幅度为315~714mm，邻近上升幅度最大为40~72mm。在1976年7月28日凌晨，河北唐山发生7.8级大地震，极震区的沉降幅度更大些，几乎是一片废墟，有24.2万人被夺去了生命。

1885年靠意大利的亚得里亚海发生的海震，引起海底深度发生了自200m至3000m的变动。马丁尼克岛培雷火山喷发时，就看到过海中邻近部位的深度增加了好几百米。在日本的喀拉喀托岛经三、四次火山喷发后，很快就沉没在海里。

地壳运动使地壳隆起和坳陷无间断、无止地进行着。例如，欧洲芬兰的斯干纳维亚地盾，在太古代时芬兰的西南部，其中波的尼亚建造总厚度达20km以上。在元古代时芬兰东部和卡列里等地，其中加列维建造，总厚度约20km。北美洲阿帕拉阡山的沉积岩层，厚度10~12km。落磷山的沉积岩层，厚度约18km。喜马拉雅山脉，据我国考察队于1966~1968年的野外和室内研究，结式晶岩厚度达20km以上。

追溯历史，例如中国陆区，在太古代时，因地球刚开始冷却凝固，地壳运动、岩浆活动剧烈，火山喷发频繁，形成了普遍强烈褶皱的结晶岩壳；在元古代时，震旦纪后半期，因沉降坳陷，几乎整个都被海水所淹没了；古生代不止一次，如上寒武纪，奥陶纪、中石炭纪—二叠纪，也几乎全部都被海水所淹没；到中生代、新生代时，因太平洋巨大面积的下沉，使中国逐步隆起，地势形成了西高东低，海水逐渐退出；新近纪以来，形成“世界屋脊”——青藏高原和喜马拉雅大山系等，最高达8km以上。

在茫茫的大海中，有些处于相对上升的新生海岛，不能理解为总是上升，而具反复的上升隆起和坳陷。例如，太平洋汤加的西列岛附近，有个岛叫“玩偶匣”岛，从1904年起至1938年的30多年中，时坳时隆共计6次，汤加人曾狂欢海神赐给他们一个新生的海岛，但后来沉没了。后来一些地质学家穿着潜水服，戴着潜水镜和氧气瓶，钻进深度33m海底时，发现了仍在喷发的海底火山。在地中海西西里岛附近的海域，于1831年7月10日人们曾看到海底像开了锅的沸腾，发出闷雷般的响声，高高的红光耀眼的烟柱从水中升起，一个星期后，在这片海域就出现一座几米高的小岛。又过一个星期，它已高出水面约20m，到同年8月4日，这个小岛长到高60m左右，岛的周长约1nmile（即1.852km）。可随后这座小岛因下沉而消失了。同年12月，这座小岛一夜之间又从海里冒出来。上百年间，时沉时浮，反复了几次。直到1950年，正当几个国家的外交官们为它的主权争执时，它又突然沉降而消失了，如今该地只见滔滔的海水。

据大地测量证明设置巴伐利业阿尔卑斯北部边缘的三角点，在1801~1805年间，向北东方向往慕尼黑城市移动了0.25~1m。用同样方法又证明了日内瓦湖连同它周围的阿尔卑斯山一起，是在往北移动的。

据我国科学家运用共长基线射电技术进行反复测量后发现，上海与日本、美国、澳大利亚之间的距离，每年以2~8cm的速率在缩短。地球以收缩和沉降为主，认为太平洋底的演化已进入返回阶段，使太平洋底原重心地带在沉降阶段晚期发生了大规模的洋底张断裂，随之而来的是大洋底地震、岩浆侵入和火山喷溢，浅成的基性玄武岩浆大量涌出，但不向空中喷发物质，呈现温柔的特点。这样，使邻近的大洋盆地直至大陆沿岸的许多地方，呈现大规模的沉降过程，发生一定程度的水平相向运动。上海与日本、美国、澳大利亚之间的距离，每年以2~8cm的速率在缩短，这是很自然的规律。

在北美洲加利福尼亚沿岸，所有金门以北用大地测量方法精确地设定的测点，从1868年至1906年约40年间，都以平均每年约5.2cm的速率向北移动。1906年旧金山发生里氏8.3级大地震，所有上面所设的测点，都突然发生了向南移动了1~2m的现象，过后又重新开始缓慢地移动，这是由于相邻太平洋底和加利福尼亚湾的大面积沉降产生水平动力矩作用而往北移动。当旧金山发生大地震时，因消耗了该带深部的巨大能量而突然发生向南移动。经这一自然调控，力的作用方向总是往阻力最小的方向偏移，又恢复了原先缓慢地向北移动，这又是很自然的事。

夏威夷群岛以平均每年约5cm的速度往西水平移动，是由于太平洋盆地沉降过程所产生水平动力矩作用的结果。

二、全球性海陆变迁

1. 前寒武纪

晚元古代所有的大陆在约 1100～1000Ma 开始相互聚合形成超大陆——罗迪尼亚（Rodinia）。750Ma，罗迪尼亚超大陆开始分裂，此时地球进入雪球地球状态，全球温度急剧下降，处于地质历史上最大的冰期。

750Ma，罗迪尼亚分裂成三个陆块：原始劳亚大陆（Proto-Laurasia）、刚果大陆（Congo）和原始冈瓦纳大陆（Proto-Gondwana）。古大洋开始形成（Panthalassic），原始劳亚大陆（Proto-Laurasia）进一步裂陷，转向南极，原始冈瓦纳大陆（Proto-Gondwana）逆时针旋转。根据所获得的古地磁和地质数据，Scotese 等（1997）重塑了 650Ma 的古地理图（图 7-1）。

在 600～550Ma 期间，由于泛非（Pan-African）褶皱造山活动，这三个大陆再次聚合成一个理论上的新的超大陆——潘诺西亚（Pannotia）超大陆。潘诺西亚大陆的大部分位于极区之内，证据显示这个时代有大面积的冰河覆盖，远大于地质时代的任何时期。

2. 早古生代

在 540Ma（早寒武世），晚元古代末期形成的潘诺西亚超大陆分裂成劳伦（Laurentian，北美）大陆、波罗地（Baltica，北欧）大陆、西伯利亚（Siberia）大陆和冈瓦纳大陆（Gondwana）。阿帕托斯洋（Lapetus Ocean）于几个古大陆之间扩张，其中劳伦大陆位于赤道附近，冈瓦纳大陆则在非褶皱带上拼合形成于南极附近（图 7-2）。寒武纪时期诸大陆为浅海覆盖，具有硬壳的生物第一次大量出现。

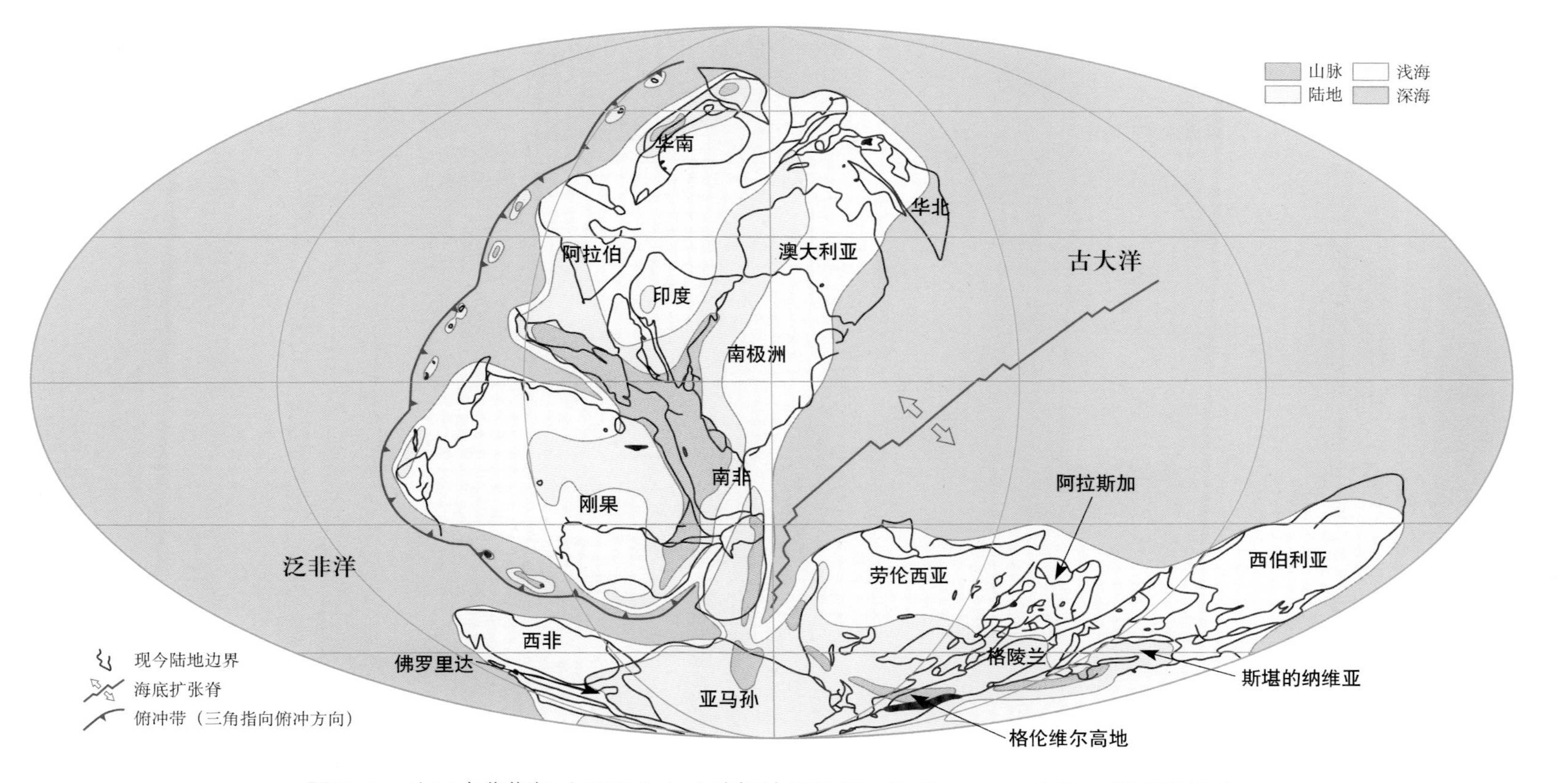

图 7-1　晚元古代期间（650Ma）全球板块重塑图（据 Scotese，1997，略有修改）

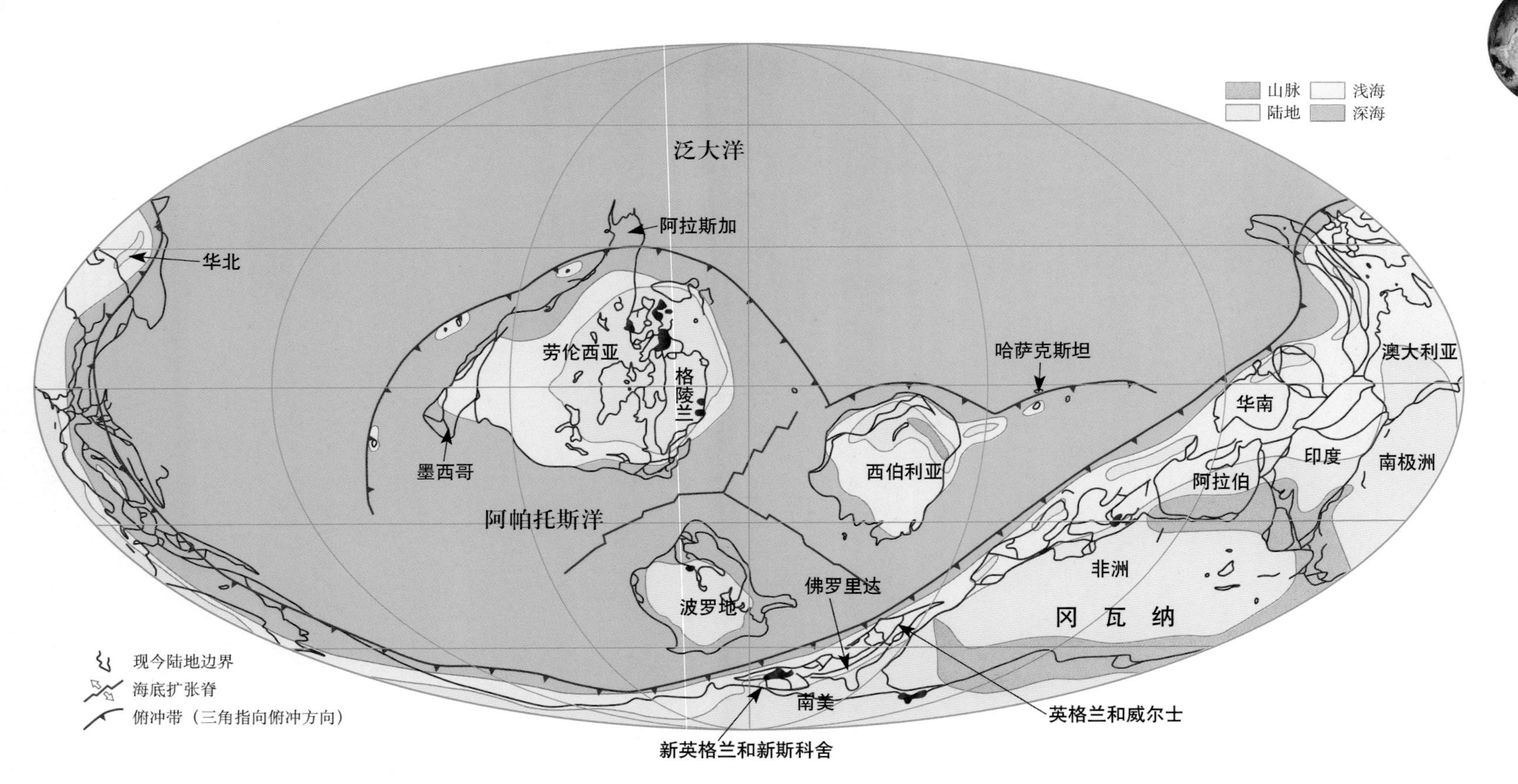

图 7-2　寒武纪期间（514Ma）全球板块重塑图（据 Scotese，1997，略有修改）

奥陶纪时期，劳伦西亚大陆、波罗地大陆、西伯利亚大陆和冈瓦纳大陆被古海洋分隔开。阿帕托斯洋隔开了波罗地和西伯利亚大陆，原特提斯（Pro-Tethys）分隔开冈瓦纳大陆、波罗地和西伯利亚大陆，广阔的古大洋覆盖了北半球的大部分（图 7–3）。在冈瓦纳大陆中，温暖赤道地区沉积了石灰岩和蒸发岩，南部地区则是冰河碎屑沉积。早奥陶世（约 480Ma）Avalonia 微陆块脱离冈瓦纳大陆，向劳伦西亚大陆迁移。奥陶纪末期，劳伦西亚大陆、波罗地大陆和 Avalonia 微陆区开始聚合成欧美大陆（Euramerica），Lapetus 洋开始闭合，也促使阿巴拉契亚边缘古陆（Appalachians）形成，冈瓦纳大陆慢慢地向南极迁移。奥陶纪末期地球气候开始进入大冰期，是地球历史上最寒冷的时期之一，使得暖水种生物大量灭绝。

约 425Ma（中志留世），阿帕托斯洋的北面分支退出，导致劳伦西亚大陆与波罗地大陆相接形成了“老红砂岩”大陆——欧美大陆（Euramerica）。大陆挤压斯堪的纳维亚半岛上形成加里东隆起山脉（Caledonide Mts.）和大不列颠北部、格陵兰和北美东海岸的阿帕拉契亚隆起山脉（Appalacchan Mts.）（图 7–4）。同时，南欧洲陆块脱离冈瓦纳大陆向欧美大陆漂移，在泥盆纪与南波罗地大陆相接。晚志留世，伴随着原始特提斯洋（Proto-Tethys）收缩，新的古特提斯洋在其南端开启，华南大陆和华北大陆脱离冈瓦纳大陆，向北迁移。

3. 晚古生代

泥盆纪时，冈瓦纳大陆开始向欧美大陆迁移，早古生代形成的海洋开始退出形成原始的泛大陆——“前盘古”（Pre-Pangea）（图 7–5）。植物开始大量出现，森林首次出现在赤道地区，在今天加拿大北部、格陵兰北部和斯堪的纳维亚等古热带沼泽地区形成丰富的煤炭。

早石炭世，欧美大陆与冈瓦纳大陆相接，古生代海洋退缩，阿帕拉契亚隆起成山脉和维利斯堪隆起成山脉（Variscan Mts.）形成（图 7–6）

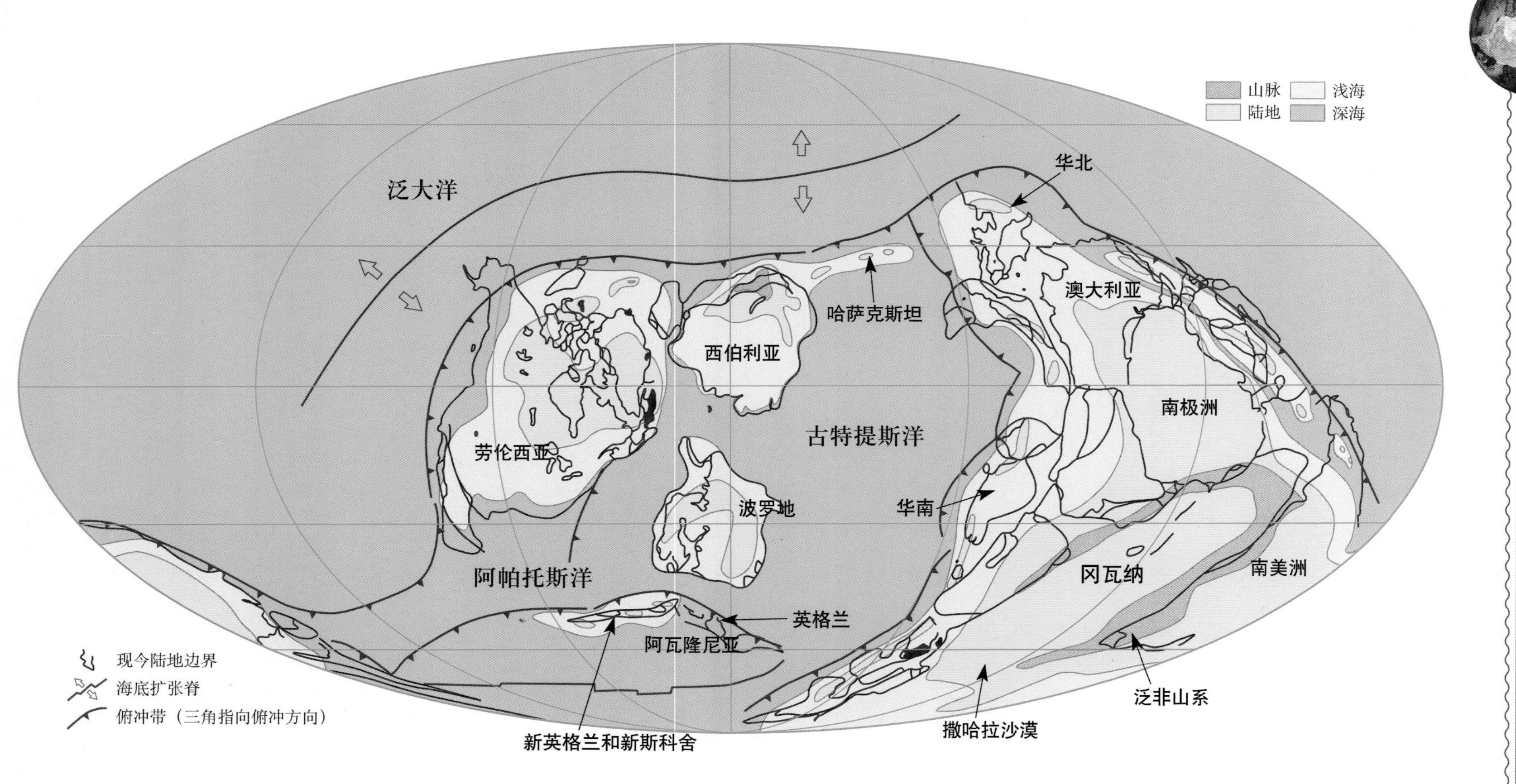

图 7-3 晚奥陶世期间（458Ma）全球板块重塑图（据 Scotese，1997，略有修改）

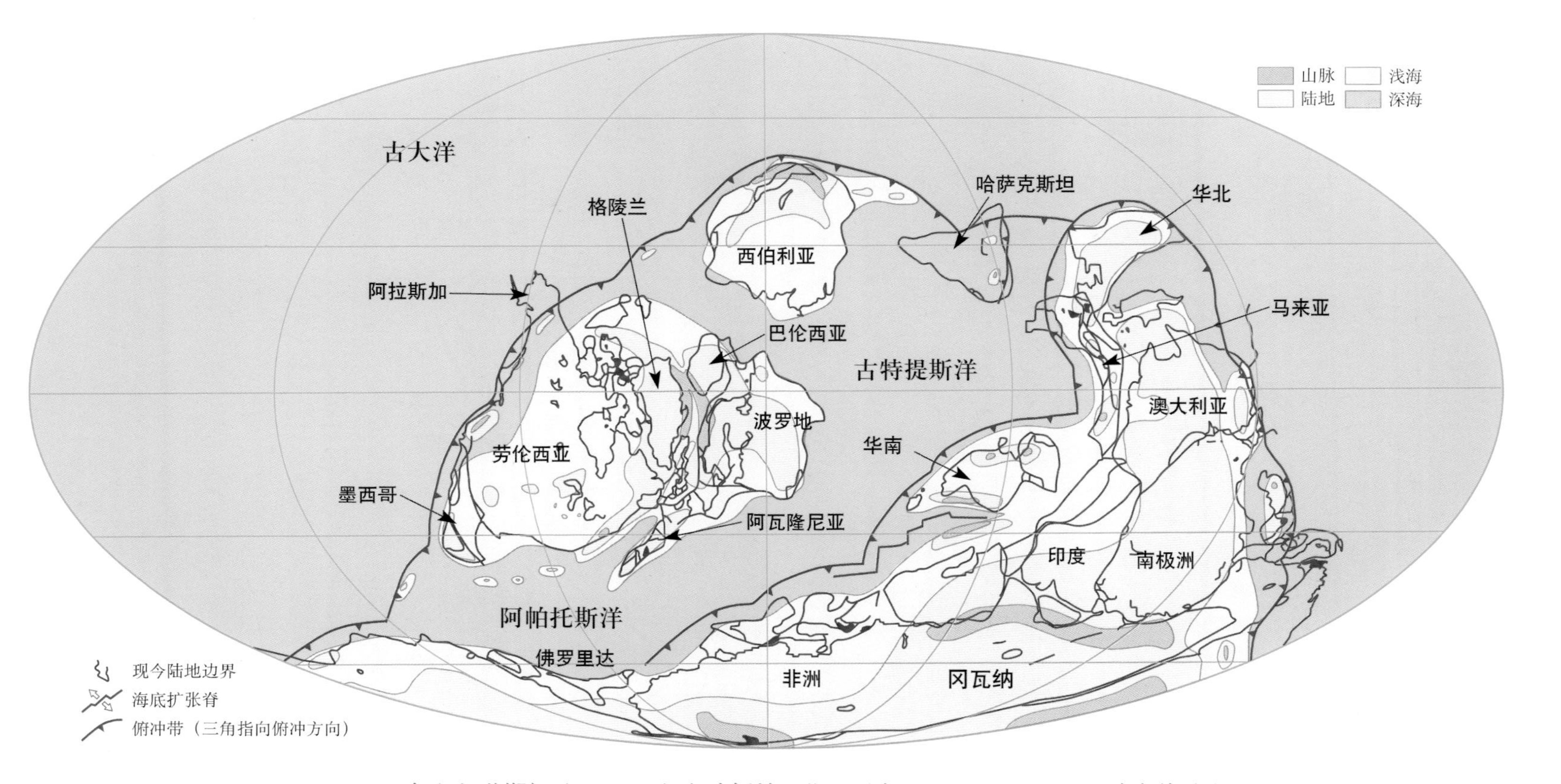

图 7-4 中志留世期间（425Ma）全球板块重塑图（据 Scotese，1997，略有修改）

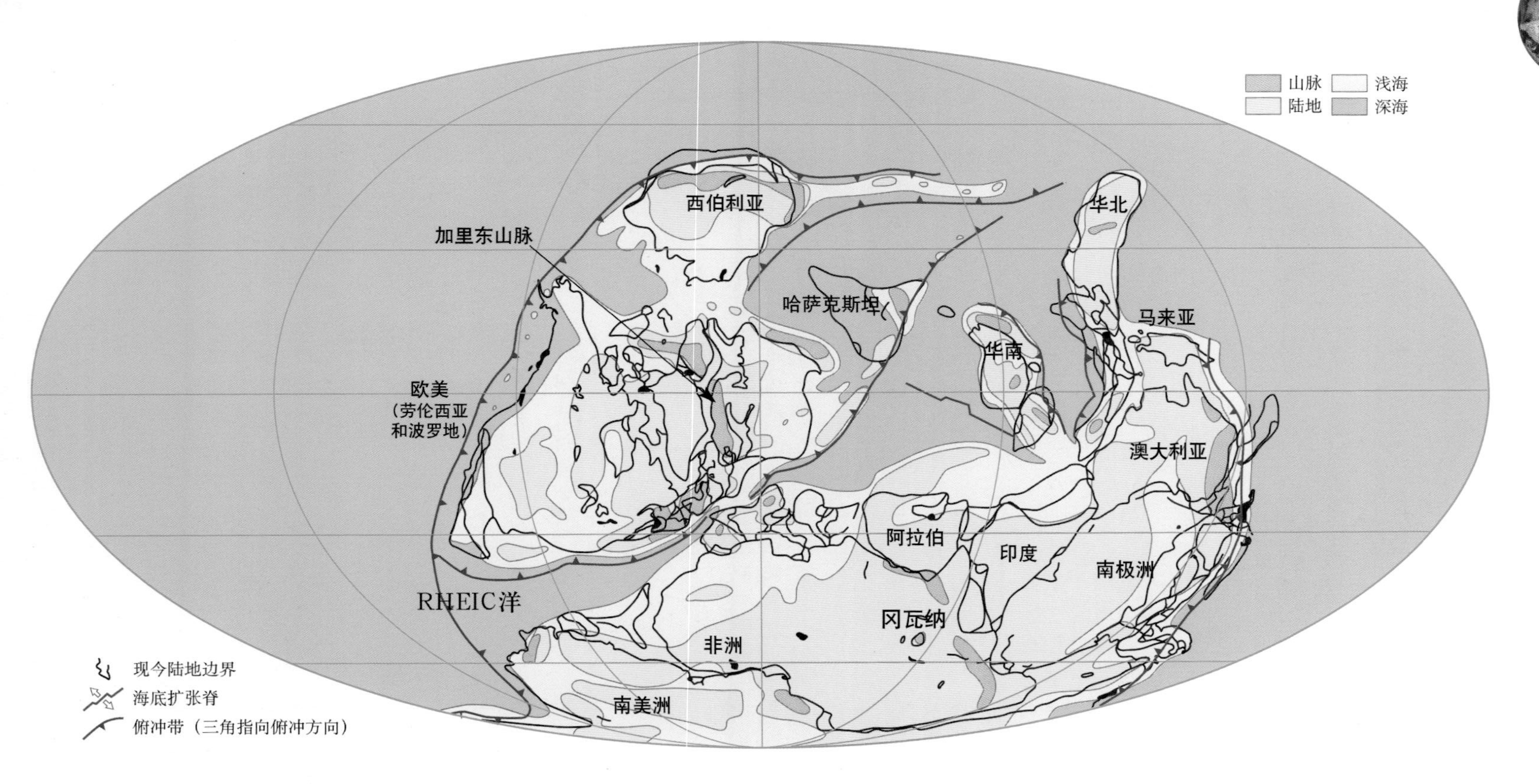

图 7–5　早泥盆世期间（390Ma）全球板块重塑图（据 Scotese，1997，略有修改）

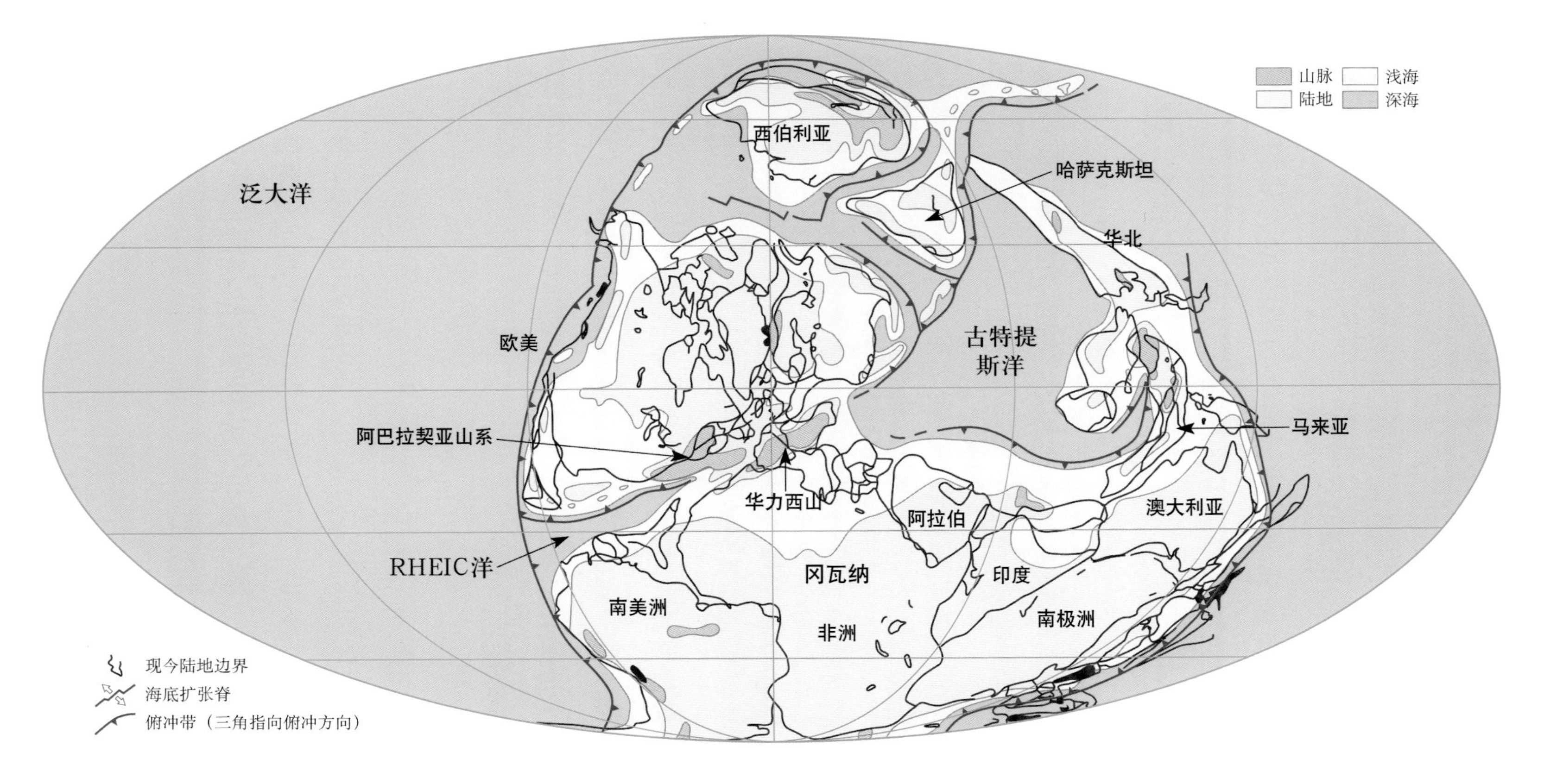

图 7-6　早石炭世期间（356Ma）全球板块重塑图（据 Scotese，1997，略有修改）

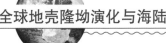

南美洲大陆向欧美大陆南部迁移，冈瓦纳东部向从赤道向南极迁移，华南和华北大陆在这个时期是独立的大陆。同时，哈萨克斯坦大陆区（Kazakhstania）与西伯利亚大陆相接。南极开始形成冰帽，同时四足脊椎动物在赤道附近的煤炭沼泽开始发展。

晚石炭世，哈萨克斯坦陆区西部与波罗地大陆相接，乌拉尔洋（Ural）完全闭合，形成乌拉尔隆升山系（Ural Mountains），构成劳亚大陆（Laurasia）。同时南美洲大陆与劳伦大陆南部相接，瑞克洋（Rheic Ocean）闭合，冈瓦纳大陆与原始特提斯洋（Proto-Tethys）闭合。欧美大陆与南方的冈瓦纳大陆（Gondwana）相接，构成了盘古大陆（Pangea）西半部。此时泛大陆南部被冰川覆盖，赤道附近则发育沼泽煤炭（图 7–7）。

古生代末期陆与陆相接形成了泛大陆（Pangea），泛大陆以赤道为中心，从南极延伸至北极，泛大洋（Panthalassic）和古特提斯洋（Paleo-Tethys Ocean）分隔在东、西两侧。此时仍有部分大陆［华南、华北陆区和基梅里（Cimmeria）］与泛大陆分离。

晚二叠世，基梅里大陆从冈瓦纳大陆分离，后与中国大陆连接，继而朝劳亚古陆迁移，同时特提斯洋开始在其南端形成，古特提斯洋开始关闭，泛大陆于晚二叠世（258Ma）延伸范围达到最大（图 7–8）。二叠纪末，地球上遭受有史以来最大的生物灭绝事件，99% 的生物灭绝，标志着古生代的终结。

4. 中生代

三叠纪泛大陆朝西南方向旋转，基梅里大陆伴随着收缩的古特提斯洋运动，直到中侏罗世才结束。古特提斯洋自西向东闭合，产生基梅里造山运动（图 7–9）。晚三叠世，基梅里大陆与西伯利亚大陆的南缘相接，此时所有陆块拼合成真的泛三大陆。泛大陆从泥盆纪开始形成，直到晚三叠世才最终成形。三叠纪时。生物物种经过二叠纪灭绝后，又重新开始丰富。早侏罗世（195Ma）泛大陆外形像“C”，特提斯洋位于

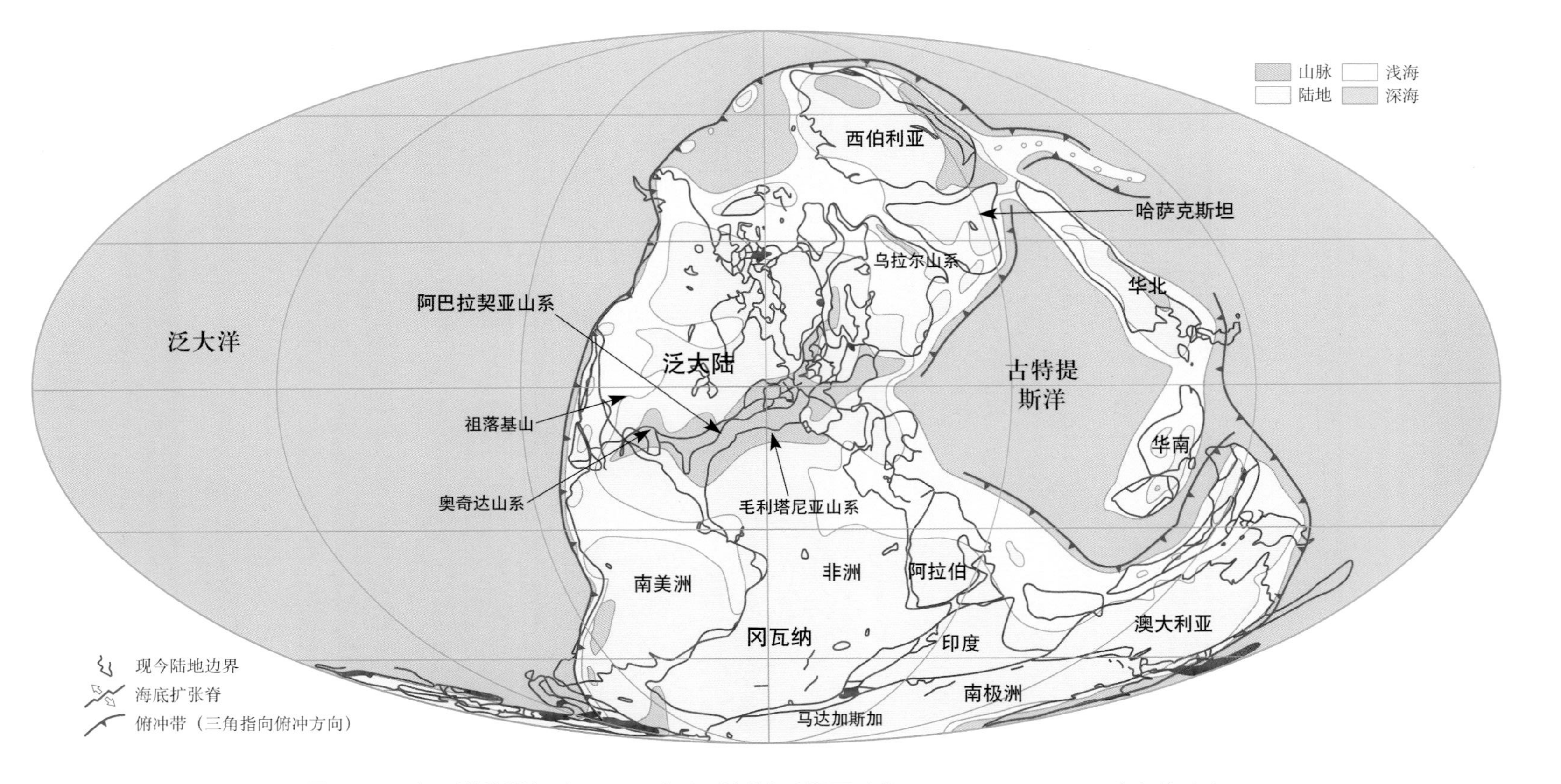

图 7-7　晚石炭世期间（306Ma）全球板块重塑图（据 Scotese，1997，略有修改）

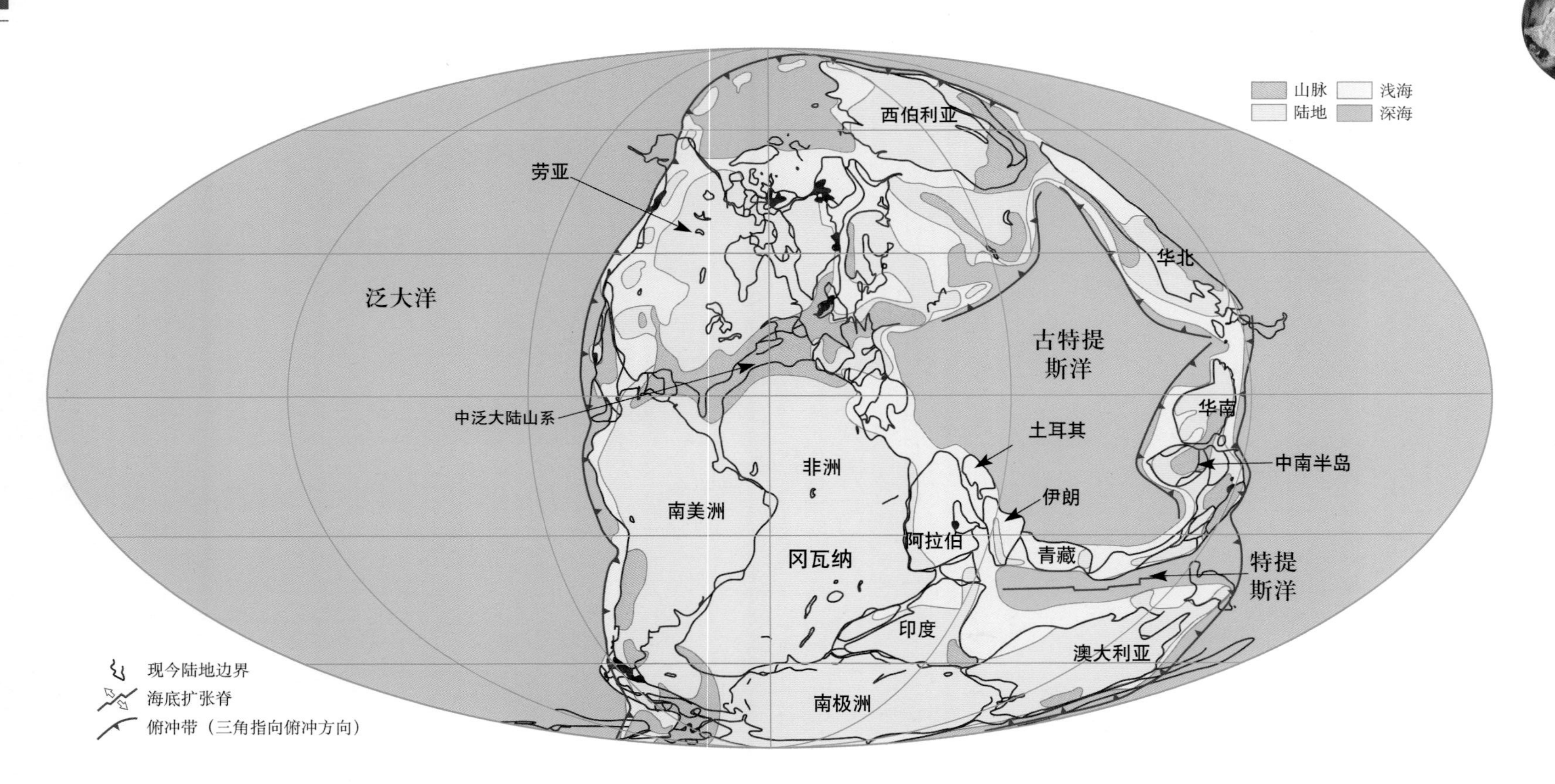

图 7-8　晚二叠世期间（258Ma）全球板块重塑图（据 Scotese，1997，略有修改）

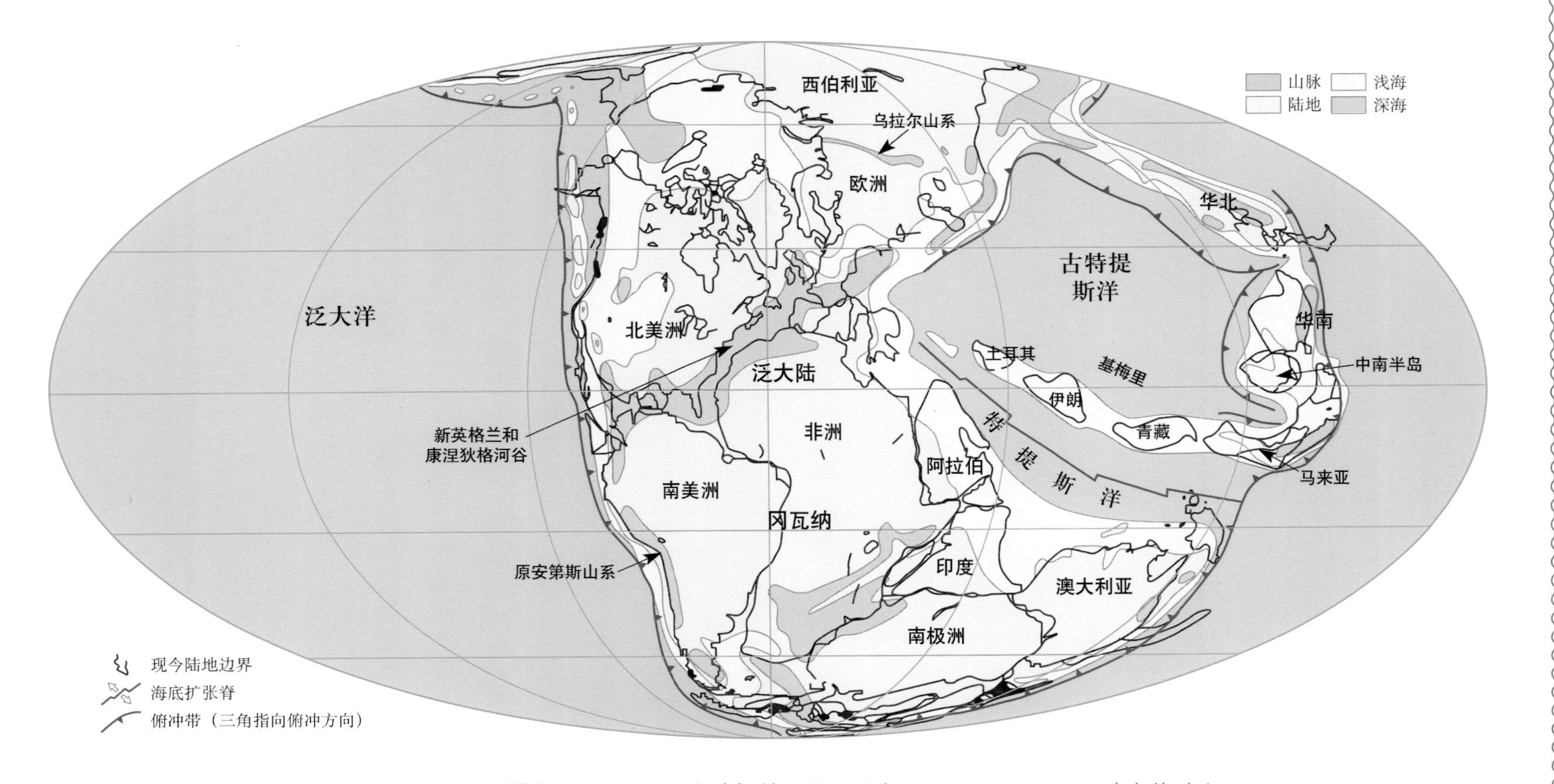

图 7-9　早三叠世期间（237Ma）全球板块重塑图（据 Scotese，1997，略有修改）

“C”中（图 7–10）。泛大陆的裂解要分三个阶段。第一个阶段是中侏罗世（175Ma）泛大陆从东部的特提斯洋和西部的太平洋开始分裂，最后产生劳亚大陆（Laurasia）和冈瓦纳大陆，其中北美洲大陆和非洲大陆之间产生裂陷，伴生很多消亡的裂陷，北大西洋在裂陷中开始形成。

大西洋从北部—中部开始裂开，其南部直到白垩纪才开始打开。劳亚大陆顺时针旋转，其中北美洲大陆朝北迁移，欧亚大陆（Furasia）朝南迁移，导致特提斯洋开始关闭。同时在东非大陆、南极洲大陆和马达加斯加（Maclauascar）大陆之间也产生新裂陷，导致印度洋的西南端在白垩纪时开始出现，侏罗纪时期恐龙遍布泛大陆。晚侏罗世（152Ma）中大西洋（Atlantic Oceai）裂陷成海洋，同时东冈瓦纳大陆与西冈瓦纳大陆也开始分开（图 7–11）。

早白垩世（140Ma）是泛大陆第二个裂解阶段的开始，此时冈瓦纳大陆分裂为多个大陆（非洲大陆、南美洲大陆、印度大陆、南极洲大陆和澳大利亚大陆）。约 200Ma（晚三叠世）基梅里大陆与欧亚大陆挤压碰撞，开始形成大陆俯冲带——特提斯洋海沟。海沟俯冲在特提斯洋的洋中隆起下，洋中隆起使得特提斯洋扩张，导致非洲大陆、印度大陆和澳洲大陆向北迁移。早白垩世大西洋扩张将冈瓦纳大陆体分解，现今南美大陆和非洲大陆最终脱离东冈瓦纳大陆（南极洲大陆、印度大陆和澳洲大陆）南印度洋开始形成。白垩纪中期，伴随着南大西洋自南向北裂陷，南美洲大陆向西运动，远离非洲大陆。同时，马达加斯加大陆和印度大陆开始从南极洲大陆分离，向北迁移，印度洋打开。晚白垩世（100~90Ma）马达加斯加大陆与印度大陆互相分离，印度大陆继续加速向北迁移，特提斯洋闭合，而马达加斯加大陆与非洲大陆挤压碰撞，此时，北美洲大陆仍与欧洲大陆相连，澳洲大陆仍属于南极洲大陆，其中澳洲西缘的东印度洋也开始裂陷，海洋变得更广阔，印度大陆向亚洲大陆南缘迁移，且与边缘岛弧连接（图 7–12）。

白垩纪全球气候比现今温暖，与侏罗纪及三叠纪气候相似，浅海覆

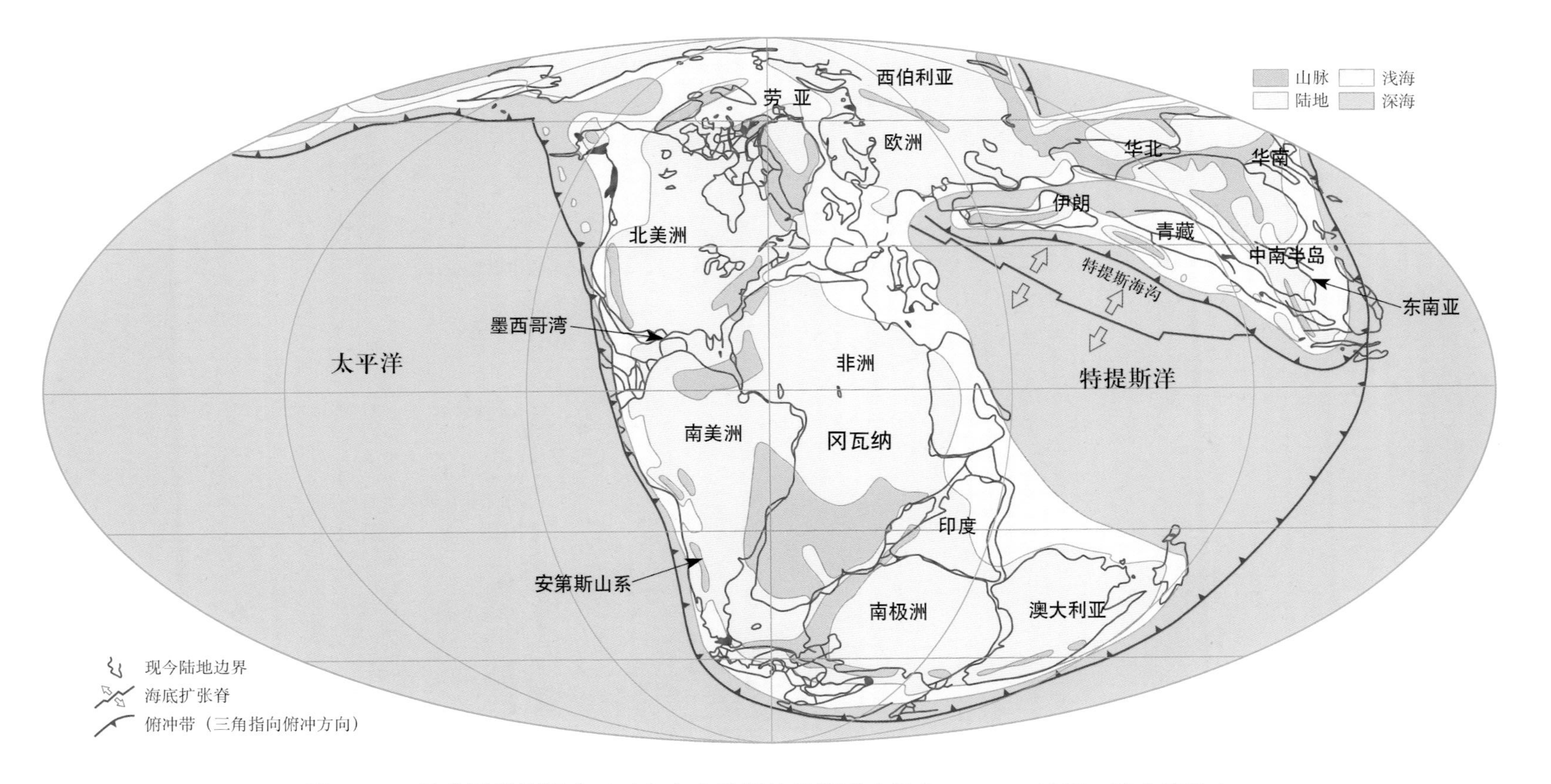

图 7–10　早侏罗世期间（195Ma）全球板块重塑图（据 Scotese，1997，略有修改）

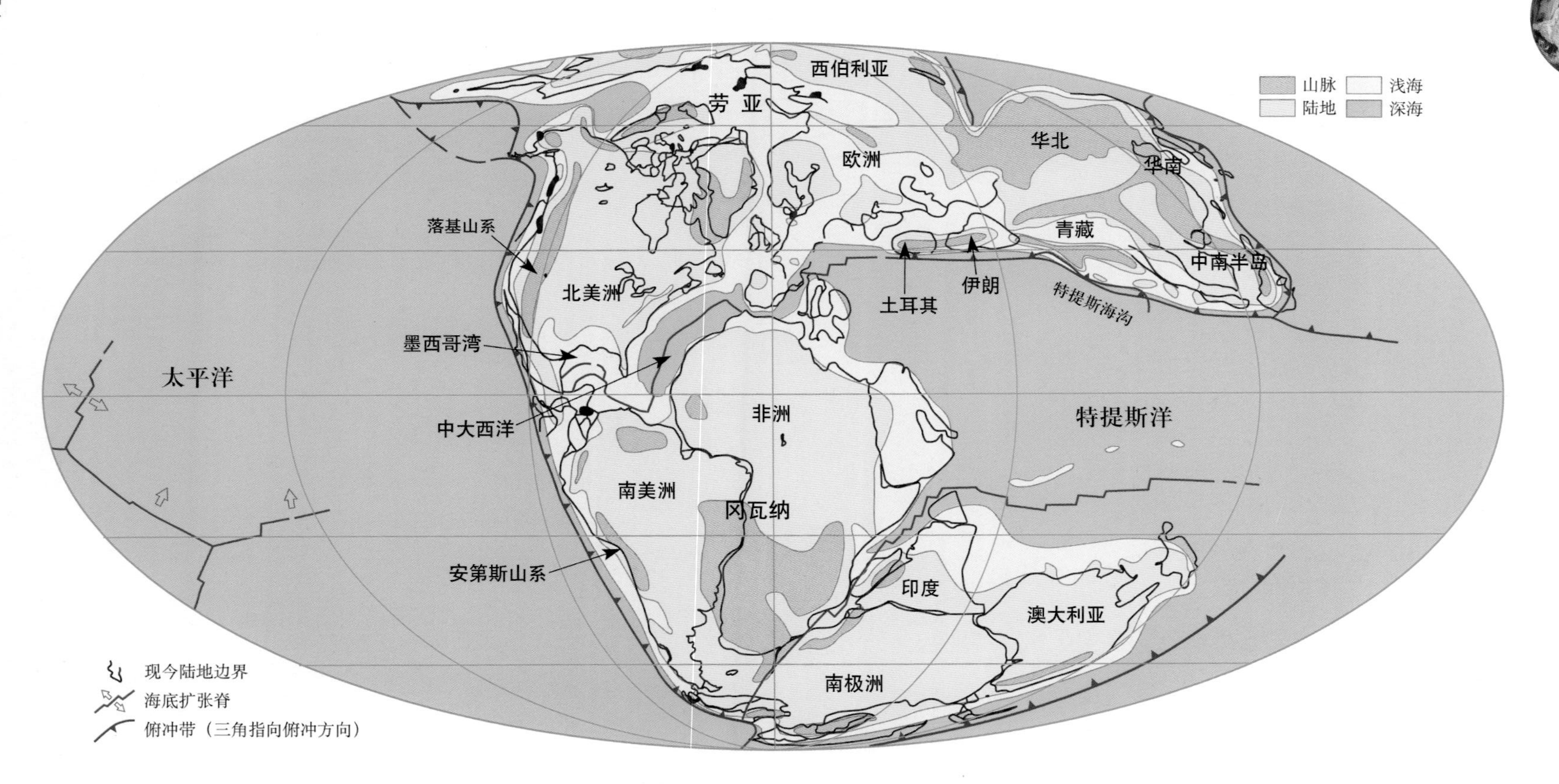

图 7-11　晚侏罗世期间（152Ma）全球板块重塑图（据 Scotese，1997，略有修改）

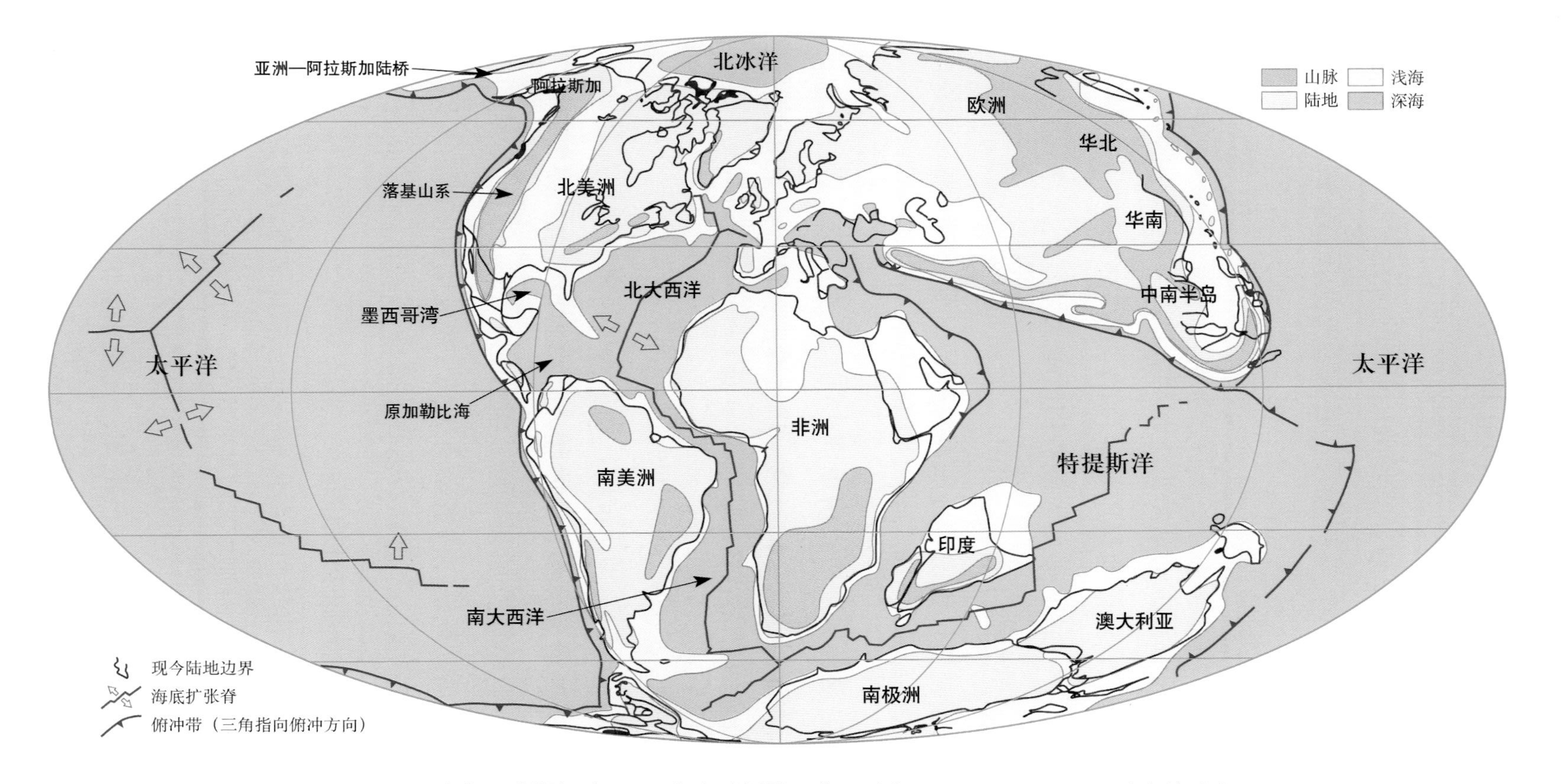

图 7-12　晚白垩世期间（94Ma）全球板块重塑图（据 Scotese，1997，略有修改）

盖了大部分陆地，海平面比现今高出 100~200m。这主要是因为白垩纪新海洋迅速裂陷，洋中脊迅速扩张，导致海平面上升。

白垩纪末—古近纪初，直径为 16km 的恰克斯拉伯（Chicxulub）彗星撞击地球，致使地球气候突变，造成恐龙及其他生物因此而灭绝（图 7-13）。

5. 新生代

早新生代（古新世—渐新世）是泛大陆坳陷的最后阶段，新的海盆扩张，各大陆也在剧烈地挤压形成坳陷。60~55Ma（古新世—始新世）劳亚大陆分解，导致北美洲大陆脱离欧亚大陆。大西洋和印度洋继续扩张，特提斯洋继续闭合。55~50Ma（始新世）印度大陆开始向亚洲大陆挤压，致使喜马拉雅山和青藏高原开始形成，特提斯洋完全闭合（图 7-14）。现今两陆块仍在挤压碰撞，沿着断层处构造活跃，地震活动仍在发生。同时，澳洲大陆脱离南极洲大陆，迅速向北迁移，现今正与东亚碰撞。非洲大陆向西北方向迁移，接近欧洲大陆。渐新世南美洲大陆脱离南极洲大陆，约 15Ma（中新世）澳洲大陆主要边缘与太平洋大陆西南部碰撞，促使新几内亚（New Guinea）高地形成（图 7-15）。

新生代泛大陆裂陷仍在持续，现今的很多张裂活动都开始于 20Ma。红海（Red Sea）开始张裂，海水侵入使得阿拉伯半岛脱离非洲大陆、东非裂陷产生、日本海及加利福尼亚湾开启（图 7-16）。活跃的张裂活动导致陆陆挤压活动频繁，构造运动活跃，造成比利牛斯山系（Pvrcnees）和阿尔卑斯山脉（Alps）隆升，希腊褶皱带（Hellenide）和迪纳拉造山带（Dinarde）形成就是那时开始的。

20Ma，佛罗里达州和亚洲仍有一部分陆地被海洋覆盖，北方大陆也开始迅速冷却，南极洲则全部被冰雪覆盖。自 66Ma 起，海平而开始持续下降，这主要是陆与陆挤压坳陷导致海盆扩大，容纳海水量增大。空气中二氧化碳含量减少，地球气冷却，大陆冰层扩大，冰原形成，使得海水量相应减少。5Ma，地球气候再次进入大冰期。

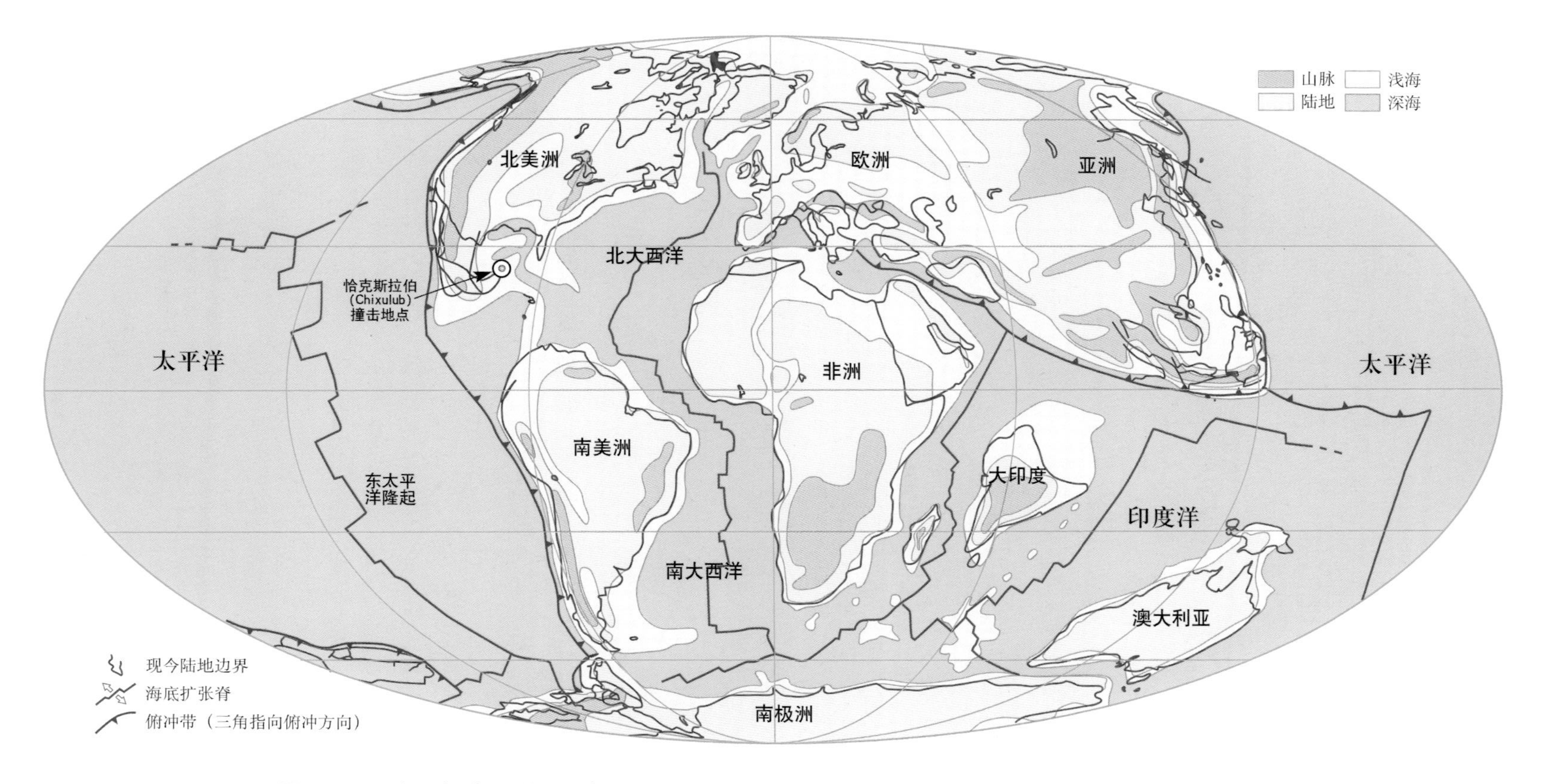

图 7-13　白垩纪末和第三纪初（66Ma）全球板块重塑图（据 Scotese，1997，略有修改）

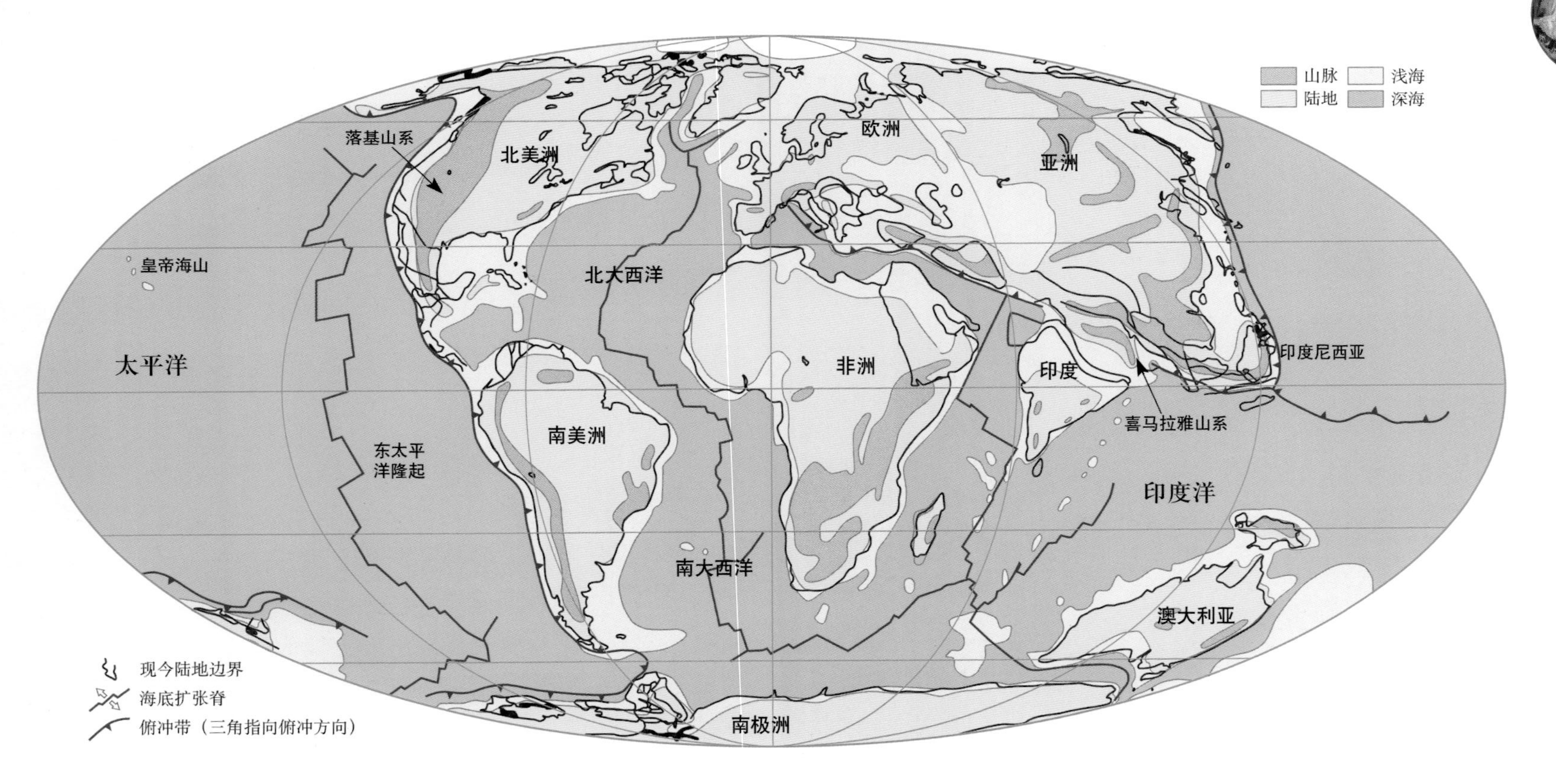

图 7-14　始新世期间（50Ma）全球板块重塑图（据 Scotese，1997，略有修改）

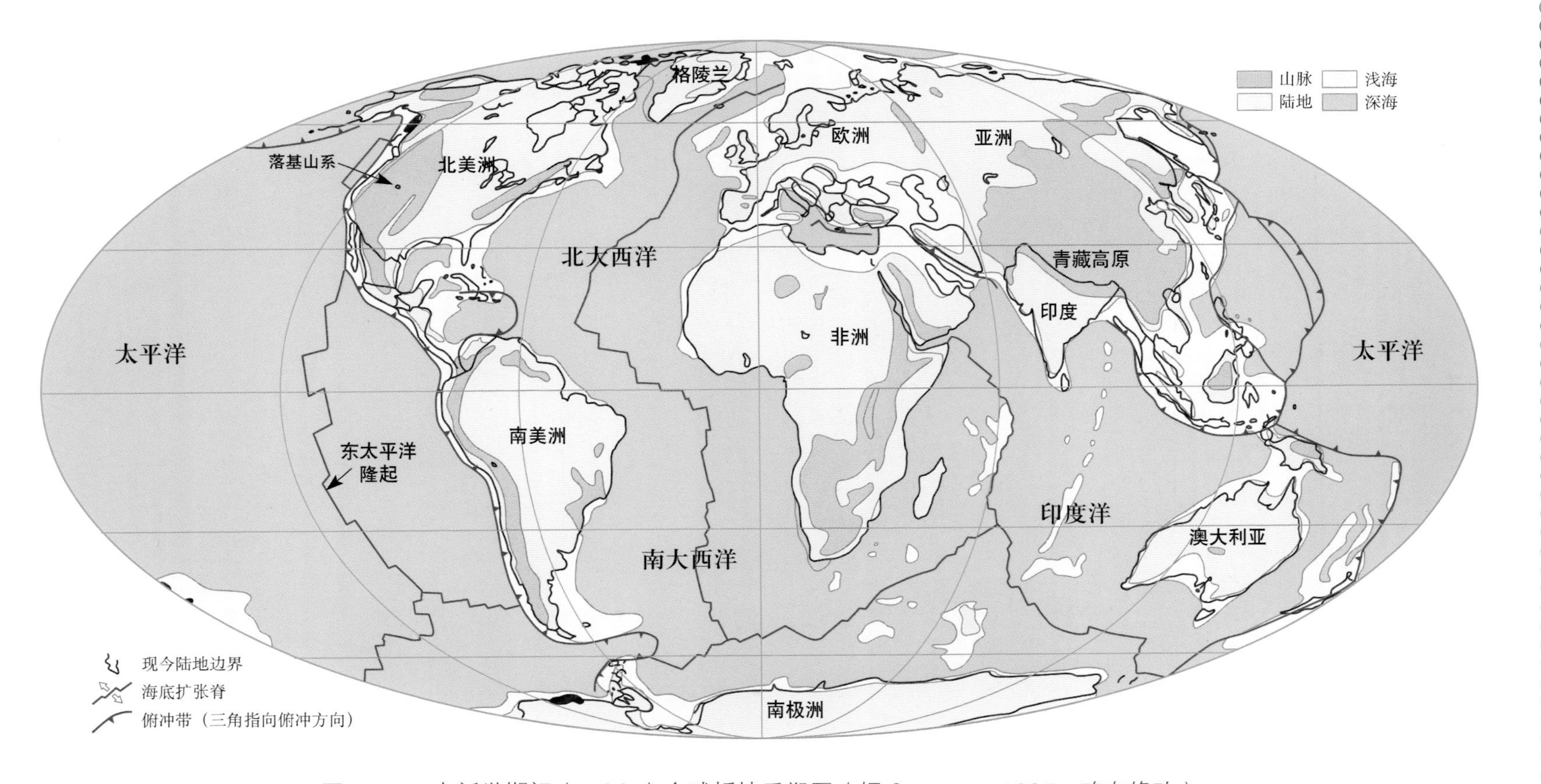

图 7-15　中新世期间（14Ma）全球板块重塑图（据 Scotese，1997，略有修改）

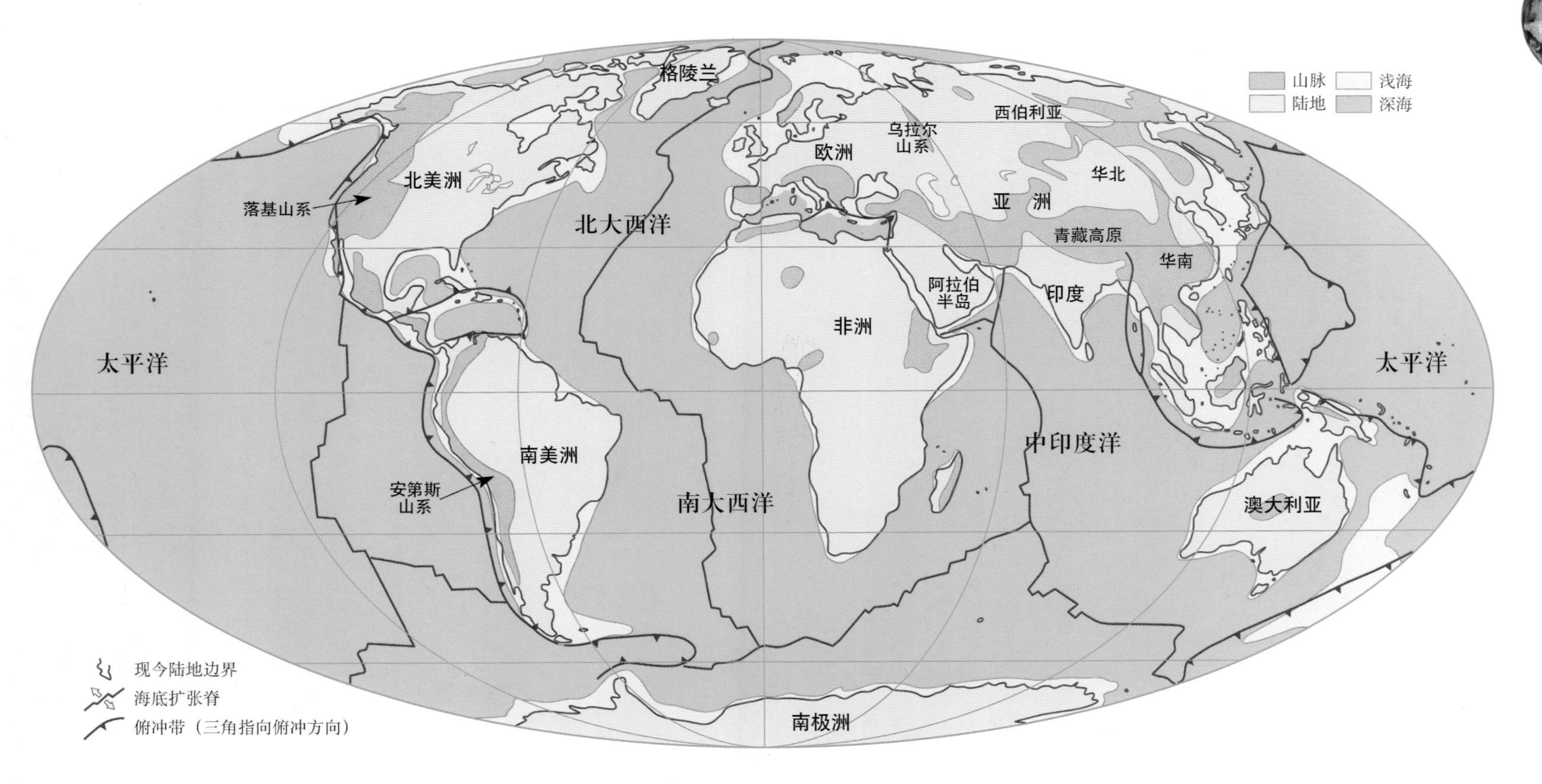

图 7-16　全球板块现今位置图（据 Scotese，1997，略有修改）

结　论

全球地壳在地球动力及多种地应力作用下，不同地质历史时期产生了八种构造样式，但总体样式就是抬升隆起和沉降坳陷。地壳隆起变成了陆地，陆地下沉坳陷变成了海洋。各大陆上隆起变成山脉，坳陷变成了湖泊或沼泽。有地球以来地壳就是这样演变的，不存在大陆漂移，也不存在板块运动。地壳上断裂活动、火山喷发、地震活动等，是局部地应力不均衡作用的体现，但是是局部现象，就全球而言只是一个点，根本造成不了地壳分离。所以，地壳过去和将来永远是一个完整不可分割的整体。

因此，全球地壳只能是隆起和坳陷演化及海陆变迁。

主要参考文献

[1] 李四光 . 地质力学方法 [M] . 北京：科学出版社，1976.

[2] 李松生 . 淮阳山字型构造弧顶新知 [C] . 中国地质科学院 562 综合大队文集（9）.1991.

[3] 梁继涛，张德宝 . "华夏古陆" 考异 [J] . 中国地质科学院南京地质矿产研究所所刊，1991（2）：3-12.

[4] 刘宝珺 . 中国南方古大陆地壳演化及成矿 [M] . 北京：科学出版社，1993.

[5] 李江海，姜洪福 . 全球古才板块再造岩相古地理及环境图集 [M] . 北京：地质出版社，2013.

[6] 刘德良 . 试论冀鲁经向构造带 [M] . 北京：地质出版社，1989.

[7] 刘光鼎 . 中国海地球物理场和地球动力学特征 [J] . 地质学报，1992（04）：10-24.

[8] 甘克文，胡见义 . 世界含油气盆地图集 [M] . 北京：石油工业出版社，1992.

[9] 关增淼 . 非洲油气资源与勘探 [M] . 北京：石油工业出版社，2007.

[10] 金之钧，殷进垠 . 亚洲石油地质特征与油气分布规律 [M] . 北京：中国石化出版社，1997.

[11] 李国玉，金之钧 . 世界含油气盆地图集 [M] . 北京：石油工业出版社，2005.

[12] 刘洛夫，朱毅秀 . 滨里海盆地及中亚地区油气地质特征 [M] . 北京：中国石化出版社，2007.

[13] 刘寄陈 . 北祁连造山带陆块构造 [J] . 地球科学，1991（6）：39-46.

[14] 刘申叔，赵金海，相北宇 . 东海盆地结构和油气勘探 [M] . 南京：南京大学出版社，1997.

[15] 刘泽容，王孝陵 . 再论冀鲁帚状构造体系 [J] . 华东石油学院学报，1981（2）：3-16.

[16] 刘增乾 . 青藏高原大地构造与形成演化 [M] . 北京：地质出版社，1990.

[17] 陆松年 . 青藏高原北部前寒武纪地质初探 [M] . 北京：地质出版社，2002.

[18] 马文璞 . 雪峰隆起的构造性质及其对上扬子东南缘古生代盆地的改造 [M] . 北京：地质出版社，1993.

[19] 马杏垣 . 中国岩石圈动力学纲要 [M] . 北京：地质出版社，1987.

[20] 马字晋 . 全球中新古代构造图（1 : 3600 万）[M] . 北京地震出版社，1996.

[21] 苗培实 . 周显强 . 全球构造体系图（1 : 2500）[M] . 北京地震出版社，2010.

[22] 李廷栋 . 亚欧地质图（1 : 500 万）[M] . 北京：地质出版社，1996.

[23] 马宗晋 . 全球新中生代构造图（1 : 3600 万）[M] . 北京：地震出版社，1996.

[24] 任振球 . 全球变化 [M] . 北京：科学出版社，1990.

[25] 孙殿卿，苗培实 . 地质力学的方法与实践 [M] . 北京：地质出版社，1999.

[26] 孙殿卿，高庆华 . 地球自转与全球构造 [J] . 中国地质科学院 562 综合大队集刊，1980.

[27] 魏格纳[奥]，李旭旦译. 海陆的起源[M]. 北京：商务印书馆，1964.

[28] 中国地质科学院地质力学研究所. 中华人民共和国及其毗邻地区构造体系图（1:250万）[M]. 北京：中国地图出版社，1984.

[29] 张伯声. 地壳的镶嵌构造与地质学的基本理论[M]. 西安：陕西科技出版社，1983.

[30] 张大伟，乔德武. 全国油气资源战略选区调查与评价[M]. 北京：地质出版社，1993.

[31] 包茨，杨先杰，李登湘. 四川盆地地质构造特征及天然气远景预测[J]. 天然气工业，1985（4）：11-21.

[32] 程裕淇. 中国区域地质概论[M]. 北京：地质出版社，1994.

[33] 戴金星. 王庭斌. 中国大中型天然气田形成条件与分布规律[M]. 北京：地质出版社，1997.

[34] 单翔麟. 中国南方青白口系的厘定[J]. 石油实验地质，1993，15（2）：146-159.

[35] 冯福闿. 中国天然气地质[M]. 北京：地质出版社，1995.

[36] 关士聪. 中国海陆变迁海域沉积相与油气[M]. 北京：科学出版社，1984.

[37] 郭正吾. 四川盆地形成与演化研究[M]. 北京：地质出版社，1996.

[38] 胡见义. 渤海湾盆地地质基础与油气富集[M]. 北京：石油工业出版社，1990.

[39] 黄汲清. 中国大地构造特征的研究[M]. 北京：地质出版社，1984.

[40] 金庆焕. 南海地质与油气资源[M]. 北京：地质出版社，1988.

[41] 康玉柱. 西北地区石油地质特征及油气前景[J]. 石油实验地质，1984（03）：72-83.

[42] 康玉柱. 沙参二井高产油气流的发现及今后找油方向[J]. 石油与天然气地质，1985，6（S1）：45-46.

[43] 康玉柱. 塔里木盆地构造体系与油气关系[M]. 北京：地质出版社，1989.

[44] 康玉柱. 试论塔里木盆地油气分布规律及找油方向[J]. 地球科学，1991（4）：79-86.

[45] 康玉柱，康志江. 地质力学在塔里木盆地油气勘查中的重大进展[J]. 地质力学学报，1995（02）：1-10.

[46] 康玉柱. 中国古生代海相成油特征[M]. 乌鲁木齐：新疆科技卫生出版社，1995.

[47] 康玉柱. 中国主要构造体系与油气分布[M]. 乌鲁木齐：新疆科技卫生出版社，1999.

[48] 康玉柱. 塔里木盆地古生代海相油气田[M]. 武汉：中国地质大学出版社，1992.

[49] 康玉柱. 塔里木盆地石油地质特征及油气资源[M]. 北京：地质出版社，1996.

[50] 康玉柱. 中国西北地区油气地质特征及资源评价[M]. 乌鲁木齐：新疆科技卫生出版社，1997.

[51] 康玉柱，蔡希源. 中国古生代海相油气田形成条件与分布[M]. 乌鲁木齐：新疆科技卫生出版社，2002.

[52] 康玉柱，甘振维，康志宏等. 中国主要盆地油气分布规律与勘探经验[M]. 乌鲁木齐：新疆科技出版社，2004.

[53] 康玉柱，王宗秀，康志宏等 . 柴达木盆地构造体系控油作用研究 [M]. 北京：地质出版社，2010.

[54] 康玉柱，孙红军，康志宏等 . 中国古生代海相油气地质学 [M]. 北京：地质出版社，2011.

[55] 康玉柱，王宗秀，康志宏等 . 准噶尔 – 吐哈盆地构造体系控油作用研究 [M]. 北京：地质出版社，2011.

[56] 康玉柱 . 中国非常规油气地质学 [M]. 北京：地质出版社，2015.

[57] 康玉柱 . 世界油气分布规律及发展战略 [M]. 北京：地质出版社，2016.

[58] 康玉柱 . 全球构造体系概论 [M]. 北京：地质出版社，2018.

[59] 李德生，姚永耕 . 中国西部地区含油气盆地的地质特征 [J]. 石油勘探与开发，1991，018(2)：1-10，56.

[60] 李东旭 . 地质力学导论 [M]. 北京：地质出版社，1986.

[61] 马寅生 . 黄河上游新构造活动与地质灾害风险评估 [M]. 北京：地质出版社，2003.

[62] 内蒙古自治区地质矿产局 . 内蒙古自治区区域地质志 [M]. 北京：地质出版社，1991.

[63] 宁崇质 . 从鄂乐大别山地质构造轮廓论述淮阳山字型的弧顶与脊柱构造 [M]. 北京：地质出版社，1959.

[64] 青海省地层表编写组 . 西北地区区域地层表青海分册 [M]. 北京：地质出版社，1980.

[65] 青海省地质矿产局 . 青海省区地域地质志 [M]. 北京：地质出版社，1991.

[66] 丘东洲 . 亚洲及太平洋地区中部三叠纪岩相古地理 [M]. 北京：地质出版社，1991.

[67] 丘元禧 . 云开大山及其邻区的构造演化 [M]. 北京：地质出版社，1993.

[68] 丘元禧 . 雪峰隆起的构造性质及其对上扬子东南缘古生代油气盆地的叠加改造 [M]. 北京：地质出版社，1993.

[69] 邱元禧 . 广东莲花山断裂带中、新生代多期复合变形变质带的基本特征及其形成机制 [M]. 北京：地质出版社，1991.

[70] 任纪舜 . 中国大地构造及演化 [M]. 北京：科学出版社，1980.

[71] 山西省地质矿产局 . 山西省区域地质志 [M]. 北京：地质出版社，1989.

[72] 陕西省地质矿产局 . 陕西省区域地质志 [M]. 北京：地质出版社，1989.

[73] 孙殿卿 . 中国石油普查勘探中的地质力学理论语实践 [M]. 北京：地质出版社，1989.

[74] 孙殿卿，功培实，马宗晋等 . 地质力学的方法与实践 [M]. 北京：地质出版社，1997.

[75] 王鸿祯 . 中国邻区构造古也理及生物占地理 [M]. 武汉：中国地质大学出版社，1990.

[76] 王治顺，朱大岗，熊成云，等 . 地质力学的方法与实践第二局构造体系各论 [M]. 北京：地质出版社，1999.

[77] 肖序常 . 新疆北部及邻区大地构造 [M]. 北京：地质出版社，1992.

[78] 新疆维吾尔自治区区域地层表编写组 . 西北地区区域地层表新疆自治区分册 [M]. 北京：地

质出版社，1981.

［79］翟光明 . 中国石油地质志［M］. 北京：石油工业出版社，1996.

［80］张福礼 . 鄂尔多斯盆地天然气地质［M］. 北京：地质出版社，1994.

［81］张国俊，况军 . 准噶尔盆地腹部地区石油地质特征及找油前景［J］. 新疆石油地质，1993（03）：5-12.

［82］张渝昌 . 中国含油气盆地原型分析［M］. 南京：南京大学出版社，1997.

［83］周志武 . 东海地质构造特征及含油气性［M］. 北京：石油工业出版社，1990.

［84］朱夏 . 中国中新生代盆地构造与演化［M］. 北京：科学出版社，1983.

［85］任纪舜 . 1∶500000 中国及邻区大地构造图及说明——从全球看中国大地构造［M］. 北京：地质出版，1999.

［86］童晓光，窦立荣，田作基等 .21 世纪初中国跨国油气勘探开发战略研究［M］. 北京：石油工业出版社，2003

［87］童晓光，关增淼 . 世界石油勘探开发图集［M］. 北京：石油工业出版社，2004.

［88］童晓光 . 世界石油勘探开发图集（独联体地区分册）［M］. 北京：石油工业出版社，2004.

［89］王家枢 . 提曼—伯朝拉含油气盆地［M］. 北京：石油工业出版社，1991.

［90］王骏，王东坡，乌沙科夫等 . 东北亚沉积盆地的形成演化及其含油气远景［M］. 北京：地质出版社，1997.

［91］王志欣，金之钧 . 西伯利亚地台及其边缘坳陷油气地质特征［M］. 北京：中国石化出版社，2007.

［92］白国平 . 中东油气区油气地质特征［M］. 北京：中国石化出版社，2007.

［93］陈廷愚，沈炎彬，赵越等 . 南极洲地质发展与冈瓦纳古陆演化［M］. 北京：商务印书馆，2008.

［94］邓希光，郑祥身，刘小汉 . 两南极利文斯顿岛含砾泥岩层的发现及其地质意义［J］. 极地研究 .1999，11（3）：169-178.

［95］张抗，周总英，周庆凡 . 中国石油天然气发展战略［M］. 北京：石油工业出版社，2002.

［96］张祁，方小美，关林华 . 世界产油国（北美欧洲地区）［M］. 北京：中国石油天然气集团公司，1998.

［97］中国石油经济技术研究院 .2006 年海外油气投资环境监测与分析报告［M］. 北京：中国石油经济技术研究院，2006.

［98］钟文新，张运东 . 世界产油国（南美地区）［M］. 北京：中国石油天然气集团公司，1998.

［99］Gill S. Global Structural Change and Multilateralism［M］. Globalization，Democratization and Multilateralism. Palgrave Macmillan UK，1997.

［100］Aadland，R K，Schamel，S..Mesozoic evolution of the Northeast African shelf margin，Libya and

Egypt [J] .Bulletin American Association of Petroleum Geologists. 1988, 72 (8), 982.

[101] Aeharyya S K. Mobile belts of the Burma-Malaya and the Himalaya and their implications on Goudwana and Chthaysia Laurasia Continent Configurations [C] . In : Prinya N. (ed.), Third Regional Conference on Geology and Mineral Resources of Southeast Asia. Bangkok, Thailand. 1978, 121–127.

[102] Achnin, H, Nairn, A.E.M.. Hydrocarbon potential of Morocco [C] . Mediterranean Basins Conference and Exhibition, Bulletin American 7, Association of Petroleum Geologists., 1988.

[103] Paul J J W, David B A, John T A. The Global Economy : R&D, Structural Change and Employment Shifts [M] . Springer Berlin Heidelberg, 1998.

[104] Werner R, Valev D, Danov D, et al. Study of structural break points in global and hemispheric temperature series by piecewise regression [J] . Advances in space research, 2015, 56 (11): 2323–2334.

[105] Youjin S, Jiazheng Q. Strong Earthquake Activity and Its Relation to Regional Neotectonic Movement in Sichuan-Yunnan Region [J] . Earthquake research in china, 2001, 15 (3): 239–251.

[106] Liang T, Jones B. Deciphering the impact of sea-level changes and tectonic movement on erosional sequence boundaries in carbonate successions : A case study from Tertiary strata on Grand Cayman and Cayman Brac, British West Indies [J] . Sedimentary Geology, 2014, 305 : 17–34.

[107] Dunbar G B, Barrett P J, Goff J R, et al. Estimating vertical tectonic movement using sediment texture [J] . Holocene, 1997, 7 (2): 213–221.

[108] Lister C. Tectonic Movement in the Chile Trench [J] . Science, 1971, 173 (3998): 719–722.

[109] Srivastava G S, Kulshrestha A K, Agarwal K K. Morphometric evidences of neotectonic block movement in Yamuna Tear Zone of Outer Himalaya, India [J] . Ztschrift f ü r Geomorphologie, 2013, 57 (4): 471–484.

[110] Browman, David L. Archaeology : Tectonic movement and agrarian collapse in prehispanic Peru [J] . Nature, 1983, 302 (5909): 568–569.

[111] Otofuji Y. Large tectonic movement of the Japan Arc in late Cenozoic times inferred from paleomagnetism : Review and synthesis [J] . Island Arc, 1996, 5 (3): 229–249.

[112] Yong W, Tehquei L, Xu-Chang X, et al. Late Cenozoic tectonic movement in the front of the West Kunlun Mountains and uplift of the northwestern margin of the Qinghai-Tibetan Plateau [J] . Geology in china, 2006.

[113] Ji-Ren X U, Zhi-Xin Z. Characteristics of the regional stress field and tectonic movement on the Qinghai-Tibet Plateau and in its surrounding areas [J] . Geology in China, 2006.

[114] Wan B, Zhong Y Z. Features analysis and divisions of new tectonic movement in northeast China

[J]. Seismological Research of Northeast China，1997.

[115] Huang P H，Fu R S. The mantle convection pattern and force source mechanism of recent tectonic movement in China [J]. Physics of the Earth & Planetary Interiors，1982，28 (3)：260–268.

[116] Yang Z，Ge S M. Preliminary Study of the Fracture Zone by 1931 Fuyun Earthquake and the Features of Neotectonic Movement [J]. Seismology and geology，1980.

[117] Barosh P J. Neotectonic movement，earthquakes and stress state in the eastern United States [J]. Tectonophysics，1986，132 (1–3)：117–152.

[118] Bian J，Tang J，Lin N. Relationship between saline - alkali soil formation and neotectonic movement in Songnen Plain，China [J]. Environmental Geology (Berlin)，2008，55 (7)：1421–1429.

[119] Yue-Zhong W U. Tectonic Attribution and Movement Characteristic of Altyn Mountain [J]. Journal of earth sciences and environment，2008.

[120] Xuexiang Y，Dianyou C. Tectonic Movement and Global Climate Change [J]. Journal of Geoscientific Research in Northeast Asia，2000 (2)：121–128.

[121] Xue-Feng Z，Yan-De Z，Ming-Ji Z. Differential tectonic movement of Yanchang Formation in southwestern margin of Ordos Basin and its geologic significance [J]. Lithologic reservoirs，2010.

（由于篇幅有限，参考文献未全部列出）